粵式點心研究室

主廚親授 70 道超人氣粵式點心！

蘇俊豪　著

各位讀者大家好，我是蘇俊豪。

二〇一四年我出了第一本食譜，二〇一五年第二本食譜也發行了。我很珍惜每一個能分享好味道的機會，所以二〇一五年我在板橋開了餐廳——台灣糖伯虎港食居。不知不覺，糖伯虎也已經五歲了。期間我在廚藝教室、大專院校餐飲科系、農會家政班，與不同年齡層的學員們分享料理，讓好味道能走遍每一個角落。

我喜歡做料理，更喜歡看到料理入口後那種幸福的畫面。沈澱五年後很高興可以再次透過食譜，與更多人一起分享這「幸福食光」。

透過料理來傳達內心的話，細細品味後您就能了解箇中滋味，運用融合料理手法，並將傳統港式風味，與台灣味（客家、原民）創新組合排列，我稱之為「台灣港食」，也是我要對您說的料理心裡話。

入行二十餘年堅持：

食材用心料理，

簡單調味襯托，

呈現原食原味，

用心製作每一口祝福，

讓您每一口都是幸福。

非常期待讀者們能拿著食譜來餐廳找我吃飯，讓我能看著你們吃美食，話家常的「幸福食光」。最後感謝為這本食譜付出的好友們，真心感謝。

「不忘初心，方得始終。」我在蘇師傅身上能看到「初心」的能量，也看到他一路堅持、累積的成果。每次與蘇師傅見面，他總是豪爽的招待我，一天、一月、一年，不知不覺十年過去了，他依舊是那個他，有自己的眉眉角角，更有他發自靈魂的堅持。

人活著不容易，立志活著更不容易，堅持當年的那份初心，最為不易。有一點年紀了就喜歡想當年，我最感動的，是十年前你是最好的你，十年後也是最好的蘇俊豪。不管在哪個階段都全力以赴，那是一種發自靈魂，對美食的堅持，這份一生懸命的職人精神，正是我願意推薦本書的唯一原因，這樣的人寫出的食譜值得支持購買，真誠期盼，真心推薦。

施建發

唯有超高水準才能獲得好評，職人精神的時代已來臨，而俊豪恰巧就是一個這樣的料理人。只要曾看他做菜或與他共事的人，都知道他是如何執著料理上的每一個小細節。

人豪菜好的他，雖然外表粗曠，做菜卻一點也不馬虎，技藝純熟的俊豪每次做點心給我們吃的時候，看起來都是輕輕鬆鬆上菜，問他：「不用試味道嗎？」他笑著說：「閉著眼我都知道味道！」語畢我們相視大笑，我曾與俊豪分享，千萬不要忘記客人為什麼要到巷弄裡找糖伯虎！因為客人找尋的不是只有好味道，還有你製作每一口幸福的精神！

只有真真切切做料理的人，才能寫出不藏私的料理食譜，衷心期盼讀者們都能從本書吸收蘇俊豪師傅料理的新作法，最後恭喜俊豪出版新書，古錐師真心推薦。

郭主義

　　能為好友俊豪所出版的《創新港點》一書寫推薦序倍感榮幸。

　　俊豪的是我多年的好友，他的廚藝是經過多年的歷練，跟著香港與澳門的老師傅學習，他的美食保有一種港澳特有的「人文味道」。

　　我可以大聲地說：俊豪開設的糖伯虎台灣港食、點心、糖水、甜品餐廳是板橋的一塊瑰寶！記得第一次嚐到他的點心，看似平凡的蘿蔔糕與甜品，每一口都吃的到，也喝得到其中細節與韻味，讓味蕾感受層層震撼，連不愛甜食的我也臣服於其中，平凡的點心，看見不平凡主廚的用心。

　　《創新港點》一書，使平凡不過的食材，透過主廚精湛手藝，巧妙化為各種珍稀佳餚，運用食材搭配藝術，變化出多款特色點心，也全方位滿足館內饕客的味蕾挑戰。

　　此書堪稱港點料理食譜的傳奇工具書。在本書中，俊豪顛覆了傳統港式點心作法，將各食材特色發揮到極致。在此書中，我看到廚師將食材本質詮釋的淋漓盡致，更將一般人認為很不容易的點心製作技巧一一破解，詳盡的圖文與技巧解說，讓人不再只是吃「熱鬧」，更學會如何吃「門道」。

　　時間從不止息，我特別喜歡與老朋友相聚的感覺，靜默的夜，一壺酒，一群人，把酒言歡。時而沉默，讓時間流淌在我們周圍；時而開懷大笑，談古今話當年。

　　每個人都有自己的人格特質，俊豪的身上就有一股「活力」。多年來看著他外貌形體的變化（絕對不是變胖）與日漸成熟強大的內心，作為好友十分開心。優秀的職人雖形形色色、專精不同，卻有許多共同的特點，比如「執拗」。俊豪的「活力」讓他能不斷創新；「執拗」又讓他精益求精，他對自己的要求超乎期待的高，也因為這些曾真真切切付出過的汗水，造就他自信不凡的風采。與他相識數十載，十分開心聽到俊豪要出書的消息，這是一本充滿靈魂味道的港點食譜，真心推薦。

Content

Part4 港風甜點 飲品涼糕

Part5 台客原美食

現代港點

材料

▼ 基本肉餡

去皮五花肉（切小粒）	180g
去皮五花肉（絞細的）	180g
泡發乾鈕扣香菇	50g

▼ 內餡調味料

太白粉	1 大匙
鹽	1 小匙
糖	1 小匙
美極上湯雞粉	1 小匙
白胡椒粉	1 匙
麻油	1 匙

▼ 其他

紅蘿蔔粒	20g
玉米筍粒	20g
青江菜粒	20g
泡發乾鈕扣香菇	20g

▼ 燒賣皮

御新小黃皮（燒賣皮）	10 張

No.1 江南才子燒賣

1 【備料】泡發乾鈕扣香菇切碎，鈕扣香菇香氣較足，如果使用大朵的，雖然大，但香氣比較不足。（圖1）
- 香菇剁越細，香菇的氣味比較容易進入肉裏。

2 【基本肉餡】機器製內餡：去皮五花肉（切小粒）、所有調味料放入攪拌缸（或鋼盆），高速打至起膠、肉產生黏性（或者用手摔打至肉產生黏性）。（圖2~3）
- 豬肉可以選黑豬肉，跟白豬肉比起來比較沒有腥味。

3 泡發鈕扣香菇碎、去皮五花肉（絞細的）加入作法2打勻（或用手抓勻）。（圖4）
- 手工製內餡：泡發乾鈕扣香菇碎、去皮五花肉（切小粒）、去皮五花肉（絞細的）放入容器，摔打攪拌起漿，拌至絞肉有黏性，再加入所有調味料拌勻。

4 機器或手工製作的內餡，完成後妥善封起，送入冷藏，冷藏到有一點硬度比較好包。依肉的狀態決定是否打水，用溫體肉水分比較不足，冷藏後就要打一點水調整軟硬度，後續比較好包餡。

5 【包餡】包餡匙將40g內餡抹入小黃皮中心，放入另一手虎口中，壓入內餡捏製成型。（圖5~9）

6 【熟製】點綴紅蘿蔔粒、玉米筍粒（燙熟）、青江菜粒（燙熟）、泡發乾鈕扣香菇（燙熟），送入預熱好的蒸籠，中火蒸8~12分鐘。（圖10）

No.2 三白美人魚翅餃

材料

▼ 基本肉餡

去皮五花肉（切小粒）	100g
去皮五花肉（絞細的）	100g
泡發乾鈕扣香菇	50g

▼ 內餡

冷凍素魚翅	20g
白蝦仁	100g
新鮮黑木耳	30g
紅蘿蔔	10g
香菜	10g
筍絲	50g
金茸菇	20g

▼ 調味料

太白粉	1 大匙
鹽	0.5 小匙
糖	1 大匙
白胡椒粉	1 小匙
麻油	1 匙
美極鮮味露	1 匙
美極上湯雞粉	5 匙

▼ 外皮

御新大白皮	10 張
御新大紅皮	10 張

作法

1　【備料】泡發乾鈕扣香菇切碎，鈕扣香菇香氣較足，如果使用大朵的，雖然大，但香氣比較不足。
　　🌀 香菇剁越細，香菇的氣味比較容易進入肉裏。

2　白蝦仁在背部劃一刀，取出腸泥，拍一下，略剁成小顆粒。

3　冷凍素魚翅退冰；新鮮黑木耳、紅蘿蔔切絲；香菜切除根部洗淨切碎；筍絲須走水後汆燙，再次洗淨壓乾水分。（圖 1）
　　🌀 ① 素魚翅有兩種規格，冷凍素魚翅退冰後直接使用；乾魚翅使用前需泡 10~15 分鐘。
　　　② 走水意即把材料置於水龍頭下，用流動清水沖洗。

4　【基本肉餡】機器製內餡：去皮五花肉（切小粒）、所有調味料放入攪拌缸（或鋼盆），高速打至起膠、肉產生黏性（或者用手摔打至肉產生黏性）。（圖 2）
　　🌀 豬肉可以選黑豬肉，跟白豬肉比起來比較沒有腥味。

5　加入泡發鈕扣香菇碎、去皮五花肉（絞細的）用機器打勻（或用手抓勻）。（圖 3）
　　🌀 手工製內餡：泡發乾鈕扣香菇碎、去皮五花肉（切小粒）、去皮五花肉（絞細的）放入容器，摔打攪拌起漿，拌至絞肉有黏性，再加入所有調味料拌勻。

6　機器或手工製作的內餡，完成後妥善封起，送入冷藏，冷藏到有一點硬度比較好包。依肉的狀態決定是否打水，用溫體肉水分比較不足，冷藏後就要打一點水調整軟硬度，後續比較好包餡。

7 【基本肉餡＋內餡】將食材放入容器拌勻，完成魚翅餃內餡。（圖 4）

8 【包餡】白皮一半抹水，放上紅皮，中心抹 40g 魚翅餃內餡，對摺闔起，收口處摺出皺褶，如果覺得皮太多可以剪掉。（圖 5~11）

9 【熟製】蒸前噴水，送入預熱好的蒸籠，中火蒸約 8~10 分鐘。（圖 12）

✎ ① 如果蒸前沒有噴水，因為沒辦法黏住，蒸好後會分離。
　② 沒包到餡的部分只有皮對疊，沒有噴水的話容易乾硬。

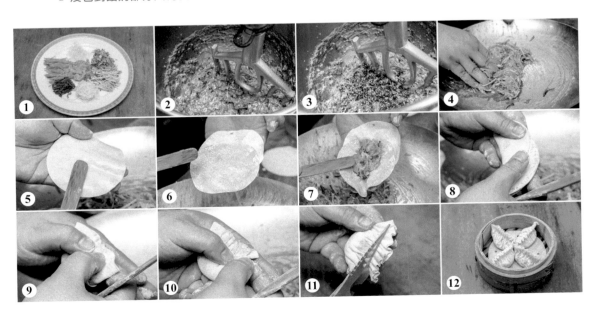

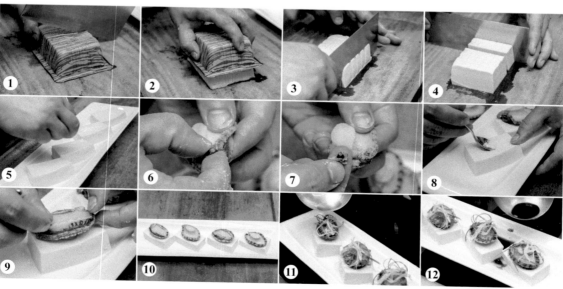

No.3 霸王蒸四方

材料

▼ 食材

蛋豆腐	1 盒
鮑魚	8 顆
青蔥	適量
紅辣椒	適量
薑	適量

▼ 調味料

糖	1 小匙
美極鮮味露	1 大匙
薄鹽醬油	1 大匙
白胡椒粉	適量
香油	適量

作法

1 【備料】紅辣椒去頭尾從中剖開，去籽切絲；青蔥洗淨去除根部，切細絲備用；薑去皮切絲；蛋豆腐修邊一開四，放入瓷盤，表面撒上些許太白粉（配方外）備用。（圖 1~5）

🔸 如何完整的取出蛋豆腐？先把包裝膜撕掉，倒扣，切一刀破壞包裝內的真空狀態，取下盒子即可。

2 鮑魚汆燙洗淨摘去嘴部（有一個小黑粒），鋪上蛋豆腐，有蒂頭的那面如果朝向蛋豆腐，可以壓一下，蛋豆腐上就會有壓痕，挖掉一部分再放上鮑魚（類似鑲的動作），鮑魚才不會掉。（圖 6~9）

🔸 挑鮑魚要選黑鮑，因為白鮑通常都是養殖鮑，都不動靜靜吸收養分，所以顏色才潔白；野生鮑魚活潑的很，所以顏色比較黑，彈性也會比較好。

3 【熟製】送入預熱好的蒸籠，大火蒸約 8 分鐘蒸熟，出爐撒蔥絲、薑絲。（圖 10）

4 鍋子加入少許沙拉油，加熱至 180℃，淋上蔥薑絲。（圖 11）

5 將糖、美極鮮味露、薄鹽醬油、白胡椒粉、香油煮滾，淋入盤邊，最後放上紅辣椒絲。（圖 12）

琉璃瑤柱蒸瓜蒲

No.4

材料

大黃瓜	1 條
瑤柱	1 兩
干貝	6 顆
美極鮮湯	1 小匙

▼ 調味料

鹽	1 小匙
糖	1 小匙
米酒	適量
白胡椒粉	1 小匙
蠔油	1 小匙

作法

1 【備料】瑤柱洗淨加入米酒，酒量需蓋過食材，大火蒸 1 小時，即成瑤柱湯。

2 干貝洗淨剝去干貝唇，每顆切 1~3 片（調整大小才放的進大黃瓜）。（圖 1~2）
  🔸 因為干貝的纖維是直的，所以剝干貝唇時橫著剝，就不會傷到本體。干貝的用量依大黃瓜切出數量調整，1 段大黃瓜放 1 顆或半顆干貝。

3 大黃瓜洗淨削皮，切 5 公分長塊，用模具壓入去籽，再壓花模具塑形。（圖 3~6）

4 準備一鍋滾水，將大黃瓜燙至微軟，注意不要傷到外形。
  🔸 先燙是為了避免後續蒸不熟，燙過比較保險。另外也需要殺菁定色，蒸後比較不易變色。

5 【熟製】干貝放入大黃瓜中心，送入預熱好的蒸籠，中火蒸 2 分鐘，取出盛盤。（圖 7~8）

6 油鍋熱鍋，下適量米酒點香，下作法 1 瑤柱湯煮滾，加入其他調味料煮勻，以少許太白粉水（配方外）勾芡。（圖 9~12）
  🔸 太白粉 1：水 2 預先調勻，不可直接下太白粉勾芡，會結塊。

7 作法 6 瑤柱湯汁淋上蒸好的黃瓜干貝，完成。

材料

▼ 內餡		▼ 調味料	
菠菜	300g	沙拉油	1 大匙
豆干	40g	麻油	1 大匙
泡發乾鈕扣香菇	40g	香菇素蠔油	1 大匙
冬粉	1 球	鹽	1 小匙
中薑	30g	糖	1 大匙
		五香粉	1/2 小匙
		白胡椒粉	1 匙
		▼ 燒賣皮	
		御新翡翠皮	10 張

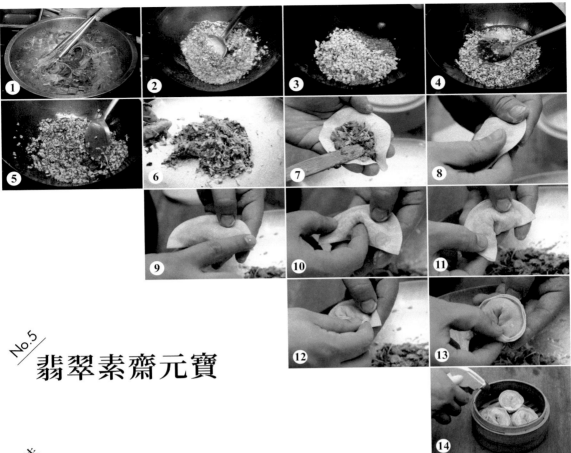

No.5
翡翠素齋元寶

作法

1　【備料】菠菜洗淨（根部尤其洗淨容易殘留泥沙），熱水汆燙，放入冰塊水中冰鎮，冷壓擠乾水分，切碎；中薑去皮切茸；冬粉泡水，略剪備用；泡發乾鈕扣香菇、豆干切小丁。（圖1）
　　🍃 菠菜洗→燙→冰鎮，最後切會比較方便。

2　【內餡】炒鍋加入沙拉油、麻油熱油，加入鈕扣香菇、中薑炒香，加入豆干拌勻。（圖2~3）

3　加入香菇素蠔油炒至醬香味出來，加入半碗水（配方外）、鹽、糖、五香粉、白胡椒粉煮開，加入太白粉水（配方外）勾芡收汁，盛盤放涼。（圖4~5）
　　🍃 ① 因為之後要拌入菠菜與冬粉，所以油量會比較多，冬粉會吸油水，菠菜則需要油脂中和澀感。
　　　② 太白粉1：水2預先調勻，不可直接下太白粉勾芡，會結塊。

4　作法3冷卻後拌入菠菜、冬粉，完成素元寶內餡，放入冰箱冷藏（調整軟硬度）比較好包。（圖6）

5　【包餡】大綠皮中心抹入45g素元寶內餡，對摺闔起。（圖7~8）

6　一端抹水，食指戳入餡料中心製造凹陷，順勢對摺頭尾相疊，壓一下，再把相疊處摺起。（圖9~13）

7.　【熟製】噴水，送入預熱好的蒸籠，中火蒸6~8分鐘完成。（圖14）
　　🍃 素食可用。

19

百花如意卷

材料

冬瓜圈 (15cm 高)	1 塊
蘆筍	1 小把
新鮮香菇	6 朵
黃櫛瓜	1 條
紅蘿蔔	50g
紫山藥	50g
素火腿	50g

▼ 調味料

玉米粉水	1 大匙
鹽	1 小匙
糖	2 小匙
薄鹽醬油	1 小匙
白胡椒粉	適量
香油	適量

作法

1 【備料】紅蘿蔔去皮切長條;蘆筍去除根部粗纖維切段;黃櫛瓜去頭尾切長條（不使用籽囊部分）;新鮮香菇切片;素火腿切條;紫山藥去皮泡水（比較不會產生黏液）,切長條。（圖 1~5）

　　① 食材切條之前先測量冬瓜片寬度,根據冬瓜寬度切食材。切好一個後可以此為依據,切其他食材時用來比對大小。（圖 1）

　　② 條狀食材之後會用冬瓜薄片包覆,因此食材的刀工需一致,成品才會好看。

　　③ 食材處理都是先切片,再切段,有些食材如紅蘿蔔、黃櫛瓜需先去頭尾,紅蘿蔔要另外去皮,新鮮香菇則可直接切條。

2 準備一鍋沸水,將上述六種食材汆燙燙熟。

3 冬瓜洗淨去皮,確認要切的部位取長塊,片出長薄片。（圖 6~8）

4 撒上少許鹽（配方外）抹勻,醃 15 分鐘讓冬瓜片變軟,軟的程度是可以用手凹壓出 S 形。（圖 9~10）

5 走水 5 分鐘,瀝乾,用廚房紙巾壓乾水分。（圖 11~12）

6 【包餡熟製】冬瓜薄片鋪底,撒適量太白粉（有撒才黏的住）,放上六種長條狀食材,送入預熱好的蒸籠,中火蒸約 6 分鐘。（圖 13~16）

7 炒鍋熱油,加入鹽、糖、薄鹽醬油、白胡椒粉一同煮勻,以適量玉米粉水煮勻,最後淋入香油點香,起鍋,淋少許在蒸好的百花如意卷,讓如意卷帶有光澤感。

　　① 玉米粉 1:水 3 預先調勻,不可直接下玉米粉勾芡,會結塊。

　　② 素食可用。

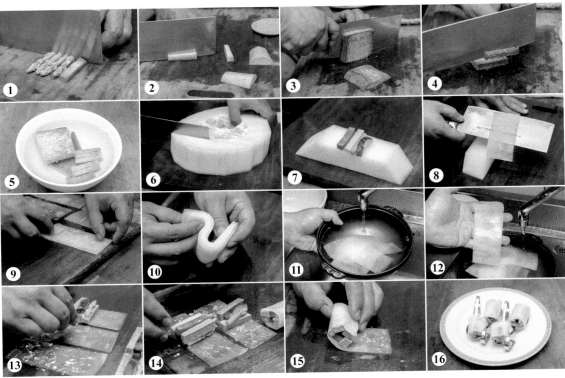

1   2   3   4

5   6   7   8

9   10   11   12

13   14   15   16

錦繡海棠菓

材料

▼ 內餡

No.1 江南才子燒賣餡 （P.10~11）	200g
紅蘿蔔	20g
雪白菇	20g
鴻喜菇	20g
水煮鳥蛋	10 顆
海蘆筍	20g
新鮮木耳	20g

▼ 調味料

白胡椒粉	1 小匙
胡麻油	1 小匙

▼ 外皮

御新腐皮	10 張

1 【內餡】紅蘿蔔、海蘆筍切小顆粒；雪白菇、鴻喜菇洗淨，剪小朵使用，稍微燙過。（圖 1~3）

✋ 挑選這兩種菇類需選底部乾淨，外觀挺拔（不會軟），無水氣及過重菇味，才是好的。

2 腐皮切正方形；新鮮木耳切碎，與海蘆筍一起稍微燙過；水煮鳥蛋一開二。（圖 4~5）

3 紅蘿蔔、雪白菇、鴻喜菇、海蘆筍、新鮮木耳拌入江南才子燒賣餡，加入白胡椒粉拌勻，加入胡麻油拌勻點香，完成海棠菓內餡。（圖 6~7）

✋ 海蘆筍、雪白菇、鴻喜菇可留部分不切，包餡時使用，增加口感與造型。

4 【包餡】腐皮放上鳥蛋、海蘆筍、雪白菇、鴻喜菇，依序放入所有材料。（圖 8）

✋ 放鳥蛋的時候位置朝外，這樣蒸好後透明的皮會透出鳥蛋造型。

5 中心抹上 30g 江南才子燒賣餡，放入另一手虎口中，壓入內餡捏製成型。（圖 9~12）

6 【熟製】送入預熱好的蒸籠，中火蒸 8~12 分鐘。

▼ 內餡		▼ 水晶皮燙麵	
白帶魚魚漿	200g	澄粉（澄麵）	100g
白蝦泥	160g	太白粉（A）	10g
海藻	30g	滾水	100g
杏鮑菇	40g	太白粉（B）	90g
紅蘿蔔	20g	▼ 調味料	
珊瑚菇	40g	鹽	1 小匙
鮑魚菇	40g	細砂糖	1 小匙
筍粒	50g	白胡椒粉	1 小匙
薑末	10g	美極鮮湯	1 匙
香菜	10g	香油	1 匙

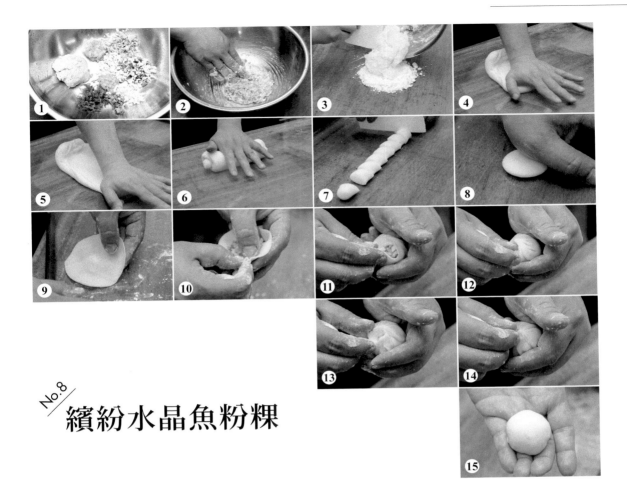

No.8
繽紛水晶魚粉粿

 作法

1　【內餡】紅蘿蔔洗淨去皮切成小丁；杏鮑菇洗淨切成小丁；珊瑚菇、鮑魚菇切小丁狀。

2　準備一鍋滾水，汆燙海藻，撈起洗淨瀝乾。

3　鋼盆加入內餡所有材料拌勻，摔打攪拌起漿，拌至有黏性，加入調味料拌勻。（圖1~2）

4　【水晶皮燙麵】鋼盆加入澄粉、太白粉（A）、滾水，用擀麵棍迅速拌勻。

5　加入太白粉（B）揉勻（這處的太白粉是生粉），搓揉至表面光滑不黏手（軟硬度類似耳垂），搓成長條形。（圖3~6）

6　【分割包餡】切麵刀分割15g，滾圓，稍稍壓平，擀麵棍開成圓片，圓片需厚薄一致，否則中間不會透。（圖7~9）
　　🍲 多的皮撒粉，用袋子妥善包好，冷凍備用。

7　【包餡熟製】中心抹入30g內餡，摺起收口，送入預熱好的蒸籠，中火蒸8~10分鐘。（圖10~15）

松子馬拉糕

材料

▼ 馬拉糕材料

雞蛋	200g
細砂糖	150g
低筋麵粉	200g
奶粉	40g
吉士粉	30g
泡打粉	10g
三花奶水	120c.c
蒸化無鹽奶油	120g
葡萄乾	30g
炸熟松子	60g

作法

1 如何炸熟生松子？沙拉油加熱至油溫 120~140℃，下生松子，篩網反覆撈起油炸（因為松子體積小，需反覆撈起確認上色程度，否則容易上色過深），泡、炸至松子呈金褐色。（圖1~4）
　🌀 需以中油溫泡熟，轉大火炸至金褐色。烤至呈金褐色也可以。

2 【麵糊】鋼盆加入雞蛋、細砂糖，用攪拌器打至半發、糖融，出現細緻的泡泡，蛋糕口感會比較細緻。（圖5~7）

3 加入過篩低筋麵粉、過篩奶粉、過篩吉士粉、過篩泡打粉拌勻。（圖8~9）

4 分次加入三花奶水拌勻。（圖10）

5 慢慢加入蒸化無鹽奶油拌勻（避免油水分離），靜置10分鐘，讓表面的泡泡少一點。（圖11）
　🌀 因為奶油融點低容易焦掉，所以用蒸的把奶油融化，隔水加熱或直火加熱融開也可以。

6 鋁箔模內層抹些許奶油（或者在鋁箔烤模中再放一個小紙模），撒上葡萄乾、炸熟松子，倒入馬拉糕麵糊約8~9分滿。（圖12~13）
　🌀 鋁箔模不好脫模，所以抹一些奶油輔助；不能直接用紙模烤，必須墊鋁箔烤模，不然馬拉糕麵糊會攤開。

7 【熟製】送入預熱好的蒸籠，中火蒸 15~20分鐘，蒸熟取出脫模。（圖14）
　🌀 用筷子戳入測試是否熟成，有沾黏表示未熟，沒沾黏表示熟成。（圖15~16）

No.10 花枝餅有煎芹

材料

▼ 內餡

市售花枝漿	300g
香菜	20g
西芹	60g
青蔥	20g

▼ 調味料

美極鮮味露	1 匙
白胡椒粉	少許
麻油	1 大匙
糖	1 小匙

▼ 外皮

御新大白皮	10 張

作法

1 【內餡】西芹洗淨切除根部，削皮，用刀片壓扁（壓扁比較好切，味道也較易釋放），切碎。

2 香菜洗淨去除根部切碎；青蔥洗淨去除根部切蔥花；以上食材全部放入容器。（圖1）

3 加入市售花枝漿、美極鮮味露、糖、白胡椒粉拌勻，再加入麻油拌勻，完成花枝餅內餡，接著可以送入冷藏調整餡的軟硬度，太軟不好包。（圖2~3）

> 麻油不可太早拌入，太早拌材料會不扎實，油會破壞餡料的黏性。

4 【包餡】御新大白皮中心抹上40g花枝餅內餡，放入另一手虎口中，壓入餡料捏製成型（燒賣形狀）開口朝下放在有洞的蒸籠紙上，壓扁成圓餅狀。（圖4~9）

> 蒸籠紙一定要用有洞的，有洞的蒸氣才上的去，沒有洞的怕中心不容易熟。

5 【熟製】送入預熱好的蒸籠，中火蒸6~8分鐘，取出放涼。（圖10~11）

6 平底鍋加入少許沙拉油熱油，煎至兩面金黃完成。（圖12）

金芋滿堂

1 【內餡】芋頭、地瓜、紅蘿蔔洗淨去皮，切絲，放入容器，加入調味料拌勻。（圖 1~3）

2 容器先鋪保鮮膜，放入一半拌好的食材，壓緊實，噴水，再放入剩餘的材料，壓緊實，噴水。（圖 4~7）
　🌀 因為有拌粉類，噴水能讓材料更均勻附著，蒸完才會扎實。

3 撒熟白芝麻，注意撒了芝麻後就不可以壓了，壓了芝麻會都黏在手上。（圖 8）

4 【熟製】送入預熱好的蒸籠，中火蒸 15~20 分鐘，蒸好後取出，表面鋪上白色烘焙紙，以刮刀趁熱再次壓緊實，用中火再蒸 5~10 分鐘，取出放涼，冷凍至變硬。（圖 9）

5 切塊，炒鍋熱油中火慢煎，煎至兩面金黃，完成。（圖 10~12）
　🌀 煎的時候油量稍多，容易翻動也不易散掉，兩面均勻上色就可以了。素食可用。

材料

▼ 食材

芋頭	600g
地瓜	40g
紅蘿蔔	40g
熟白芝麻	1 大匙

▼ 調味料

在來米粉	3 兩
玉米粉（或太白粉）	1 大匙
鹽	1 小匙
糖	2 小匙
白胡椒粉	適量
香油	適量

No.12
香煎雞絲腸粉

材料

▼ 食材

雞胸肉	200g
土芹	30g
青蔥	30g
新鮮板條	2 張
海鮮醬	1 大匙

▼ 調味料

鹽	1 小匙
糖	1 小匙
白胡椒粉	適量
太白粉	1 大匙
香油	適量

 作法

1 【備料】雞胸肉洗淨切絲；土芹洗淨切碎；青蔥洗淨切蔥花。

2 雞胸肉加入鹽、糖、白胡椒粉、太白粉拌勻，拌入香油，冷藏備用。（圖 1）

3 【包餡】攤開新鮮板條，放上土芹、蔥花、雞胸肉絲，切麵刀於中心切一刀。（圖 2~4）

4 以切麵刀翻摺，摺成長條狀。（圖 5~9）
🐝 板條一定要當天新鮮沒冰過，才有彈性。

5 【熟製】炒鍋熱油，接合處朝下，先把接合處煎至金黃定型，再煎至兩面金黃，盛盤，搭配海鮮醬食用更有風味。（圖 10~12）
🐝 也可以先蒸熟，放涼；炒鍋熱油，接合處朝下，先把接合處煎至金黃定型，再煎至兩面金黃。

No.13

香蔥鮮肉煎麻糬

材料

▼ 麻糬內餡

蔥花	50g
薑末	30g
豬絞肉	220g
米酒	1 匙
白胡椒粉	1 匙
點心醬油	2 匙

▼ 糯漿

糯米粉	125g
御新澄粉（澄麵）	25g
沸水	50c.c.
冷水	65c.c.
細砂糖	20g
豬油	25g

▼ 裝飾

生黑芝麻	適量
生白芝麻	適量

（續下頁）

作法

1 【糯漿】鋼盆倒入澄粉、沸水，先用工具拌勻（用手拌會燙到），加細砂糖拌勻，分兩次加入糯米粉拌勻。（圖 1~6）

2 用手揉捏，倒入冷水拌勻調整柔軟度，想吃口感 Q 一點水分就使用配方水量，想吃柔軟一點可多加一點水，加入豬油拌均勻，冷藏調整軟硬度。（圖 7~12）

　　糯漿調色：可以用紅麴粉、抹茶粉、薑黃粉染色，色粉多麵團顏色就深，反之則淺。色粉不會影響麵團口感。

3 桌面撒適量手粉，糯漿麵團用切麵刀分割 30g，滾圓。（圖 13~14）

4 【麻糬內餡】所有材料（除了蔥花）拌勻，摔打至有黏性，再加入蔥花拌勻。（圖 15）

　　製作點心醬油：美極鮮味露 1 匙、淡醬油 1 匙、二砂糖 2 匙、水 1 碗一同煮滾成醬汁。

5 【包餡】輕輕拍開糯漿麵團，中心抹上 30g 內餡摺起，兩指輕捏成餃子狀，朝下放置。（圖 16~28）

6 【熟製】噴水，送入預熱好的蒸籠，中火蒸 10 分鐘，蒸熟裝飾黑白生芝麻。（圖 29~30）

7 平底鍋加入少許沙拉油熱油，下蒸好的麻糬，中大火煎至兩面金黃。（圖 31~32）

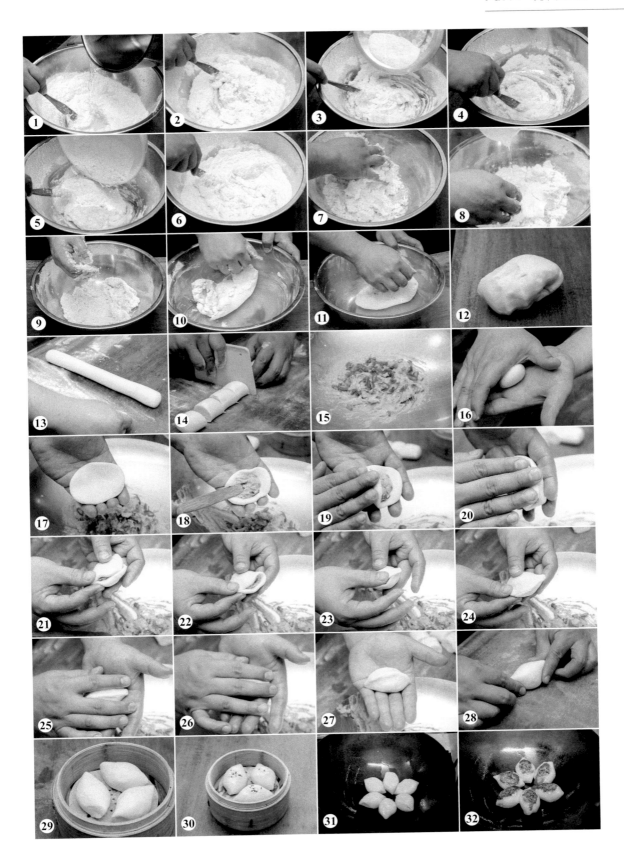

No.14
煎釀彩椒紅綠燈

材料

▼ 內餡

No.1 江南才子燒賣餡（P.10~11）	100g
剁碎豆豉	40g
老薑末	30g
蒜末	30g

▼ 調味料

薄鹽醬油	1 匙
蠔油	1 匙
糖	2 匙
水	100c.c.
香油	適量
白胡椒粉	適量
米酒	適量
美極鮮味露	1 小匙

▼ 食物盅

水果紅椒	1 顆
水果黃椒	1 顆
水果青椒	1 顆

作法

1. 水果甜椒去頭尾（底部不要切太多，切剛好可讓甜椒立住的份量即可），用小刀把中心的籽囊剃掉。（圖 1~3）

2. 【內餡】No.1 江南才子燒賣餡再度甩打起漿備用。（圖 4）

3. 撒少許太白粉在水果彩椒內部，把內餡鑲滿彩椒內部。（圖 5~6）

4. 【熟製】鍋子加入適量沙拉油熱油，以油溫 180°C 反覆將鑲肉水果甜椒、蒂頭澆淋過油，入蒸鍋蒸八到十分熟，取出備用。（圖 7~8）
   🥄 ① 過油即是漏勺裝著食材，用勺子將油撈起，反覆淋上食材，主要用意是定色。
   ② 如果油溫掌控不好也可以不要炸，先將水果彩椒煎香，再蒸熟即可。

5. 炒鍋熱油，中火爆香老薑末、蒜末，加入剁碎豆豉炒勻。（圖 9）
   🥄 一定要把豆豉霉味炒掉炒香，在海島國家發酵的食材太潮濕容易有霉味。

6. 加入調味料炒勻，用適量太白粉水（配方外）勾芡，澆上彩椒。（圖 10~12）
   🥄 太白粉 1：水 3 預先調勻，不可直接下太白粉勾芡，會結塊。

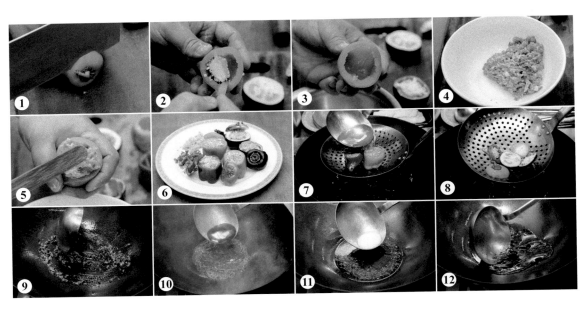

韭黃鮮蝦虎皮卷

材料

▼ 內餡

現剝蝦仁（蝦泥，新鮮就可以，不限蝦種）	200g
現剝蝦仁（蝦粒，新鮮就可以，不限蝦種）	200g
馬蹄	20g
蛋白	1 顆
豬油粒	35g
香菜	10g
韭黃	40g

▼ 調味料

鹽	1/2 小匙
細砂糖	1 小匙
美極上湯雞粉	1 小匙
胡麻油	1 大匙
太白粉（或玉米粉）	1 大匙
白胡椒粉	1 小匙
美極鮮味露	1 小匙

▼ 外皮

御新腐皮	12 張

作法

1 【備料】馬蹄洗淨切碎；香菜洗淨去根切碎；韭黃洗淨去根切小段。

2 現剝蝦仁開背，去腸泥，依照配方秤重，處理成蝦泥與蝦粒。

3 【內餡】鋼盆加入現剝蝦仁（蝦泥）、蛋白拌勻，下鹽、白胡椒粉、美極上湯雞粉、太白粉，摔打至蝦泥與蛋白結合，出現黏性起漿。（圖1）

4 下現剝蝦仁（蝦粒）增加口感，摔拌到黏性出來，拿起來不會掉下去。（圖2）

5 加入細砂糖再次摔打攪拌起漿，加入豬油粒拌勻，加入胡麻油拌勻，完成蝦卷餡冷藏備用（調整軟硬度）。（圖3）
　　🍳 胡麻油不可太早拌入，太早拌材料會不扎實，因為油會破壞餡料的黏性。

6 包餡前將馬蹄、香菜、韭黃與作法5蝦捲餡拌勻備用。（圖4）

7 【包餡】低筋麵粉（配方外）與適量水調成麵糊；腐皮鋪底，將蝦捲餡放在腐皮中線下方，左右向中心往內摺，由下往上捲，收口處抹上麵糊，摺起，收口朝下。（圖5~9）

8 【熟製】鍋子加入沙拉油熱油，以油溫 170℃ 炸至虎皮金黃熟成。（圖 10~12）

① 腐皮卷炸之前不能受潮，受潮的話炸會變黑色；如果真的受潮了，可以先煎過再炸。

② 油炸時看到虎皮卷周圍冒出細的泡泡，這代表內餡達到 100℃，水分開始逼出，所以才會有這個現象。

③ 炸的小技巧，油炸時鏟子不要翻動食材，而是延著鍋緣，以畫半圓形（或前推的方式）推動沙拉油，幫助食材均勻受熱。

材料

▼ 內餡

馬鈴薯	200g
紅蘿蔔	30g
泡發黑木耳	30g
素火腿	75g
鴻喜菇	50g
雪白菇	50g
玉米筍	30g

▼ 調味料

美極鮮味露	1 匙
素蠔油	2 大匙
米酒	1 大匙
白胡椒粉	1 小匙
五香粉	0.5 小匙
鹽	0.5 小匙
細砂糖	1 匙
香油	1 匙

▼ 外皮

御新腐皮	12 張

羅漢上素虎皮卷

No.16

作法

1　【備料】馬鈴薯、紅蘿蔔去頭尾削皮切絲；黑木耳、素火腿洗淨切絲；鴻喜菇、雪白菇去除根部洗淨，分成小株備用；玉米筍洗淨切斜長片，再切細長段。

2　準備一鍋沸水，汆燙黑木耳、鴻喜菇、雪白菇、玉米筍，燙熟後撈起瀝乾。（圖1）

3　【內餡】炒鍋熱油，下紅蘿蔔、馬鈴薯炒香，加入素火腿、作法2汆燙食材炒勻。（圖2~3）

4　加入適量水、素蠔油、米酒炒香，加入其他調味料煮滾，用適量玉米粉水（配方外）勾芡，盛入容器放涼備用。（圖4~5）
　　① 玉米粉1：水2預先調勻，不可直接下玉米粉勾芡，會結塊。
　　② 此處香油不需最後下，因為我們有加玉米粉水勾芡，內餡的黏稠質感來自「勾芡」這個動作，故香油先下也不會影響質地。

5　【包餡】低筋麵粉（配方外）加少許水調成麵糊；腐皮鋪底，將40g內餡放在腐皮中線下方，左右向中心往內摺，由下往上捲，收口處抹上麵糊，摺起，收口朝下。（圖6~10）

6　【熟製】炒鍋熱油，轉中火，收口朝下放入虎皮卷，煎至兩面金黃完成。（圖11~12）
　　① 油太多腐皮會吸油，太少則會煎不起來，油量適量就好。另外因為腐皮很薄，上色會很快。內餡要適中不可以包太多。
　　② 素食可食用。

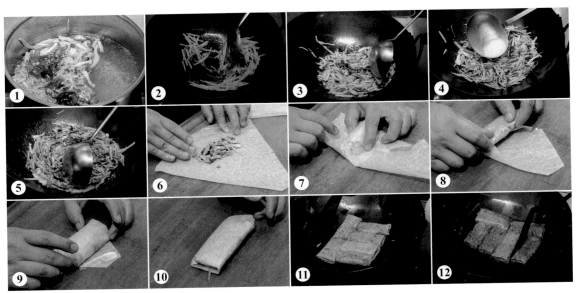

川蜀鮮辣春卷

材料

▼ 內餡

No.1 江南才子燒賣餡 （P.10~11）	220g
杏鮑菇	80g
韭黃	80g
紅蘿蔔	10g
青蔥	10g

▼ 調味料

點心醬油	少許
美極鮮辣汁	1 匙
麻油	1 匙

▼ 外皮

| 御新白方皮 | 10 張 |

作法

1 【備料】杏鮑菇洗淨切絲；韭黃洗淨去除根部，切小段；紅蘿蔔洗淨去頭尾，削皮切絲；青蔥洗淨切蔥花。

2 【內餡】No.1 江南才子燒賣餡再度甩打起漿，與作法 1 食材、點心醬油、美極鮮辣汁一同拌勻，最後加入麻油拌勻，完成春卷內餡。（圖 1~3）
   ① 麻油不可太早拌入，太早拌材料會不扎實，因為油會破壞餡料的黏性。
   ② 詳「No.13 香蔥鮮肉煎麻糬」P.36 製作點心醬油。

3 【包餡】低筋麵粉（配方外）加少許水調成麵糊；御新白方皮鋪底，將蝦餡放在下緣 1/4 處，左右對摺。（圖 4~5）

4 再由下往上摺起，於接合處抹上適量麵糊水，摺起收口。（圖 6~9）

5 【熟製】鍋子加入適量沙拉油，放入 170~180 ℃ 油鍋（不能用太高溫油炸，要讓材料泡熟），鍋鏟在沙拉油邊緣畫「C」，用這個方式翻炸食材，炸至金黃酥脆完成。（圖 10~12）
   油炸絞肉會比較快炸熟（因為絞肉狀態細緻），肉絲、肉條會比較慢。

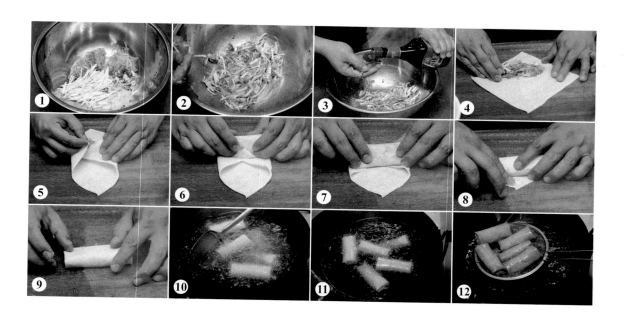

明蝦韭菜響鈴

材料

▼ 內餡

五花肉（絞細洞）	120g
蝦仁	180g
小韭菜	60g

▼ 調味料

太白粉	1 匙
鹽	0.5 小匙
糖	1 大匙
白胡椒粉	1 大匙
美極上湯雞粉	1 小匙
胡麻油	1 大匙

▼ 其他

御新黃方春卷皮	10 片

 作法

1 【備料】小韭菜洗淨切粒；蝦仁開背剔除腸泥，略拍後稍微切碎。

2 【內餡】鋼盆加入五花肉（絞細洞）、蝦仁、小韭菜，甩打起漿。（圖 1）

3 加入太白粉、鹽、白胡椒粉、美極上湯雞粉摔打攪拌起漿，加入糖再次摔打攪拌起漿，加入胡麻油拌勻，妥善封好冷藏備用。（圖 2）
　　① 冷藏調整內餡軟硬度，太軟會不好包。
　　② 胡麻油不可太早拌入，太早拌材料會不扎實，因為油會破壞餡料的黏性。

4 【包餡】低筋麵粉（配方外）加少許水調成麵糊；御新黃方春卷皮鋪底，中心抹入 35g 內餡，三個角抹上麵糊，對摺。（圖 3~5）

5 中心用手指壓一下，製作一個凹槽，兩端尖角抹上麵糊，相疊兩個角。（圖 6~9）

6 鍋子加入適量沙拉油熱油，加熱至 170~180 ℃，放入春卷炸至金黃酥脆、熟成。（圖 10~12）
　　① 一開始油溫不可太高，炸春卷皮油溫太高上色會太快內餡卻沒熟，並且炸太快食材不會慢慢舒展，外觀不好看。
　　② 油炸時看到食材卷周圍冒出細的泡泡，這代表內餡達到 100 ℃，水分開始逼出，所以才會有這個現象。
　　③ 炸的小技巧，油炸時鏟子不要翻動食材，而是延著鍋緣，以畫半圓形（或前推的方式）推動沙拉油，幫助食材均勻受熱。

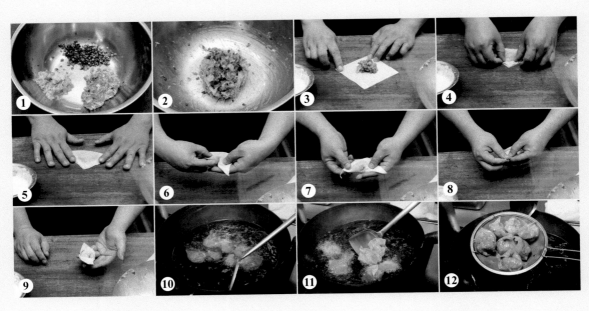

家鄉紅麴咸水角

▼ 麻糬基底肉餡

青蔥	20g
中薑末	10g
豬絞肉	200g
菜脯	30g
泡發乾香菇	30g
櫻花蝦	30g

▼ 麻糬調味料

點心醬油	2 小匙
糖	1 匙
米酒	1 匙
白胡椒粉	1 匙
五香粉	1 小匙

▼ 糬漿

糯米粉	125g
御新澄粉（澄麵）	25g
熱水	50c.c.
冷水	65c.c.
細砂糖	20g
豬油	25g
紅麴粉	5g
紫薯粉	5g

1　【糬漿】詳No.13香蔥鮮肉煎麻糬作法1~2製作，麵團一分為二，分別與紫薯粉、紅麴粉揉勻染色。

2　桌面撒適量手粉，糬漿麵團用切麵刀分割30g，滾圓。（圖1~2）

3　【備料】青蔥洗淨切蔥花；泡發乾香菇切碎。

4　【內餡】炒鍋熱油，加入香菇碎、中薑末炒香，再下櫻花蝦、菜脯爆香，盛起。（圖3）

5　麻糬調味料與麻糬基底肉餡所有材料（除了蔥花）拌勻，摔打至有黏性，包餡前再加入蔥花拌勻。（圖4）

🌀 詳「No.13 香蔥鮮肉煎麻糬」P.36 製作點心醬油。

6 【包餡】輕輕拍開糯漿麵團，中心抹上 30g 內餡，闔起，兩指輕捏成餃子狀，朝下放置。（圖 5~9）

7 鍋子加入適量沙拉油熱油，以 160~170 ℃ 放入食材油炸，炸至表面金黃浮起，確認熟成撈起瀝乾。（圖 10~12）

    ① 一開始油溫不可太高，油溫太高上色會太快，內餡卻沒熟。中油溫下鍋泡熟，大火上色起鍋。

    ② 炸的小技巧，油炸時鏟子不要翻動食材，而是延著鍋緣，以畫半圓形（或前推的方式）推動沙拉油，幫助食材均勻受熱。

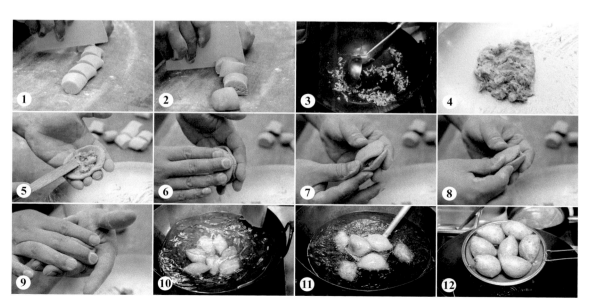

No.20 奶皇芝麻球

材料

▼ 糯漿

糯米粉	500g
御新澄粉（澄麵）	100g
熱水	200c.c.
水	250c.c.
細砂糖	80g
豬油	100g

▼ 其他

抹茶粉（調色用）	適量
御新豆沙餡	1 顆 25g
御新奶皇餡	1 顆 25g
生白芝麻	適量

作法

1 【糯漿】詳 No.13 香蔥鮮肉煎麻糬作法 1~2 製作，麵團一分為二，取一團與抹茶粉揉勻染色。

2 桌面撒適量手粉，糯漿麵團用切麵刀分割 35g，滾圓；豆沙餡、奶皇餡分割 25g，滾圓。

3 【包餡】輕輕拍開糯漿麵團，中心放上內餡，用虎口把糯漿麵團朝上推，捏製成圓球狀。（圖 1~5）

4 整顆噴水，丟入裝滿生白芝麻的容器中，搖晃容器、撒生白芝麻，確認整顆都裹滿生白芝麻後，輕揉成圓形。（圖 6~7）

　　① 注意不能用熟芝麻，用熟的炸了會掉。
　　② 如果想多一點顏色變化，可以適度加一些生黑芝麻，注意別加太多。（圖 8）

5 【熟製】鍋子加入適量沙拉油熱鍋，待油溫 160 ℃ 下芝麻球油炸，待芝麻球浮起，轉大火逼油，炸至金黃熟成。（圖 9~12）

　　① 一開始油溫不可太高，油溫太高白芝麻上色會太快，內餡卻沒熟。
　　② 炸的小技巧，油炸時鑊子不要翻動食材，而是延著鍋緣，以畫半圓形（或前推的方式）推動沙拉油，幫助食材均勻受熱。
　　③ 芝麻球比較重，一開始炸的時候會沉底，即將熟成才會浮出油面一點點（材料太重，就算熟了也無法完全浮起）。

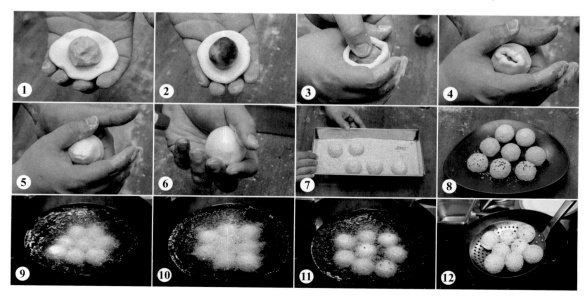

No.21

酥炸鳳城雲吞

材料

▼ 內餡

去皮五花肉（絞細目）	80g
新鮮黑木耳	20g
櫻花蝦	30g
馬蹄	30g

▼ 調味料

太白粉	1 匙
鹽	1/2 小匙
糖	1/2 小匙
白胡椒粉	1 小匙
美極鮮雞汁	1 匙
麻油	1 匙

▼ 外皮

御新港式雲吞皮	8 片

作法

1 【備料】新鮮黑木耳洗淨切粒；馬蹄洗淨切粒。

2 【內餡】熱鍋，乾鍋下櫻花蝦，中火快速炒香，炒至櫻花蝦轉白，盛起備用。（圖1）

3 鋼盆放入去皮五花肉（絞細目）、新鮮黑木耳、櫻花蝦、馬蹄拌勻。

4 加入調味料（除了麻油）摔打攪拌起漿，加入麻油拌勻，妥善封起冷藏備用。（圖2）

　　① 麻油不可太早拌入，太早拌材料會不扎實，因為油會破壞餡料的黏性。
　　② 冷藏調整軟硬度，太軟不好包。

5 【包餡】港式雲吞皮中心抹上20g內餡，輕輕闔起，包餡匙由對角線前推，拇指輕壓固定，抽出包餡匙。（圖3~9）

6 【熟製】鍋子加入適量沙拉油熱油，加熱至170℃，下雲吞油炸，炸至雲吞浮起，皮開始收摺上色（皮表面會冒出小泡泡），確認內餡熟了轉大火逼油，炸至金黃酥脆完成，撈起瀝乾。（圖10~12）

　　① 油溫一開始不能太高，我們用的豬肉是細目顆粒的，先讓它泡熟。
　　② 炸的時候會有大泡泡，這就是內餡的肉汁漏出，水碰到高溫油被炸乾。

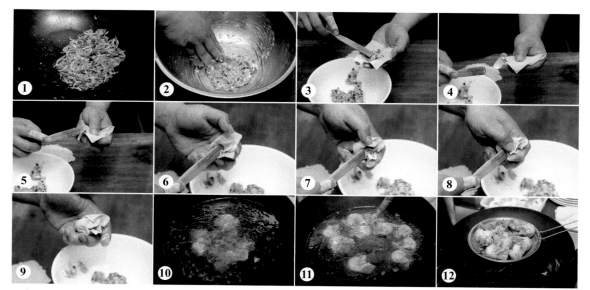

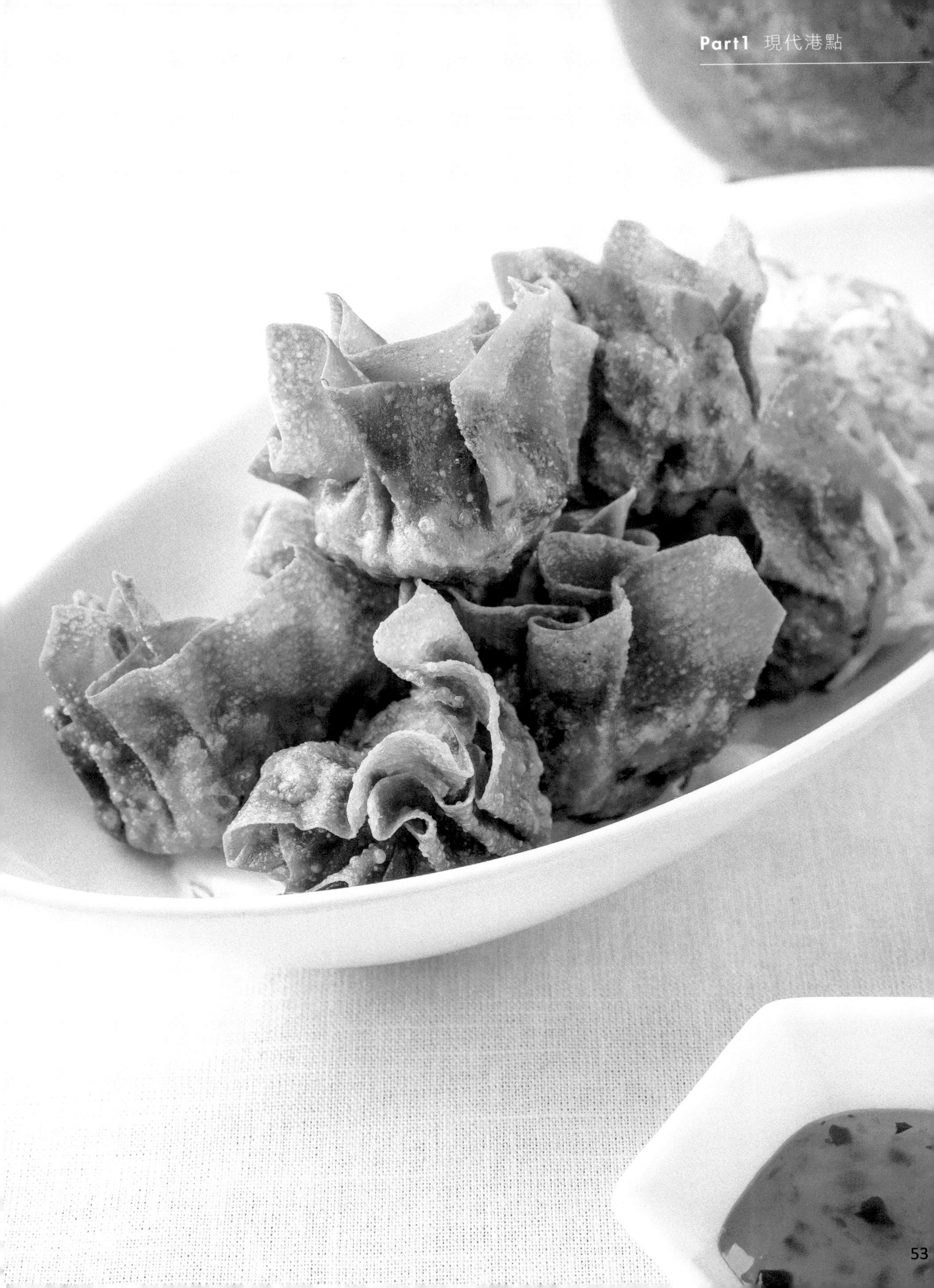

No.22
黑金芝麻炸蝦筒

材料

No.15 韭黃鮮蝦虎皮卷餡（P.40）	200g
熟黑芝麻粉	20g
香菜	10g
西芹	20g
雞蛋	3 顆
▼ 調味料	
胡麻油（或香油）	適量
▼ 其他	
御新威化紙	20 張
生杏仁角	適量

作法

1 【備料】香菜洗淨去根切碎；西芹洗淨去根，摘去葉子，取莖部切碎。

2 【內餡】No.15 韭黃鮮蝦虎皮卷餡重新摔打起漿，與熟黑芝麻粉、香菜、西芹拌勻，加入胡麻油（或香油）拌勻，完成蝦筒餡。（圖 1）

3 【包餡】雞蛋洗淨取兩顆蛋黃、一顆全蛋打勻，完成黏著用蛋液（如果沒有材料，可以改用水，只是水會比較稀）。

4 用 2 張威化紙鋪底（用一張太薄，吸油會吸的太厲害），將蝦餡放在下緣 1/4 處，左右對摺後，由下往上摺起，在接合處刷上作法 3 蛋液，收口摺起。（圖 2~7）

5 刷上作法 3 蛋液，均勻裹上生杏仁角，再撒一次生杏仁角，輕輕抖掉。（圖 8~9）
🐚 蛋液上厚不會巴住杏仁角，反而會掉，刷薄薄的沾裹附著力才好。

6　【熟製】鍋子加入適量沙拉油，加熱至油溫 160~170 ℃，放入蝦筒炸至金黃熟成。(圖 10~12)

🍳 ① 油溫一開始不能太高，先把內餡泡熟。

② 炸的小技巧，油炸時鏟子不要翻動食材，而是延著鍋緣，以畫半圓形 (或前推的方式) 推動沙拉油，幫助食材均勻受熱。

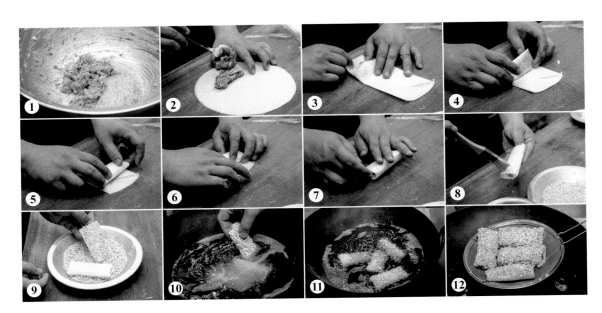

葡國咖哩雞粒脆角

（續下頁）

材料

▼ 內餡

紅蘿蔔丁	20 g
新鮮香菇丁	2 朵
彩色洋芋丁	3 顆
薑黃末	10g
洋蔥丁	50 g
西芹丁	30g
火腿丁	20 g
雞胸肉丁	200g

▼ 調味料（A）

港式油咖哩（冠益油咖哩）	1 匙
咖哩粉（仙菓牌）	1 匙
鹽	1 小匙
糖	1 大匙
美極鮮雞汁	1 大匙
快達椰漿 50c.c.	1 大匙
白胡椒粉	1 小匙
香油	少許
三花奶水	100c.c.

▼ 外皮

御新白方皮（港式點心用白方皮）	12 張

▼ 調味料（B）

安佳奶油	100g
低筋麵粉	100g

作法

1　【內餡】準備一鍋滾水，汆燙雞胸肉丁，撈起瀝乾。

2　炒鍋熱油，加入彩色洋芋丁、新鮮香菇丁、薑黃末，中火炒香炒軟，炒到洋芋丁邊緣微微上色。（圖1）

3　加入紅蘿蔔丁、洋蔥丁，續用中火炒至洋蔥轉白色邊緣微焦，出現焦化作用。（圖2）

4　加入雞胸肉丁、火腿、西芹丁拌炒均勻，加入所有調味料（A）煮勻，煮開後關火。（圖3~4）

5　加入安佳奶油煮勻，低筋麵粉加入80g三花奶水（配方外）調成麵糊，下適量入鍋收汁至濃稠，呈稍濃的濃度即可，盛起放涼。（圖5~6）

6　【包餡】御新白方皮抹麵糊，對摺成三角形，底部一側抹上麵糊，中心抹入內餡。（圖7~8）

7　食指在中心定位，取一端朝另一側摺起，把兩端尖角朝內收摺。（圖9~14）

8　完成如圖15，前沿抹上麵糊，闔起成三角形。（圖15~18）

9　【熟製】鍋子加入適量沙拉油熱油，加熱至150°C放入葡國咖哩雞粒脆角，關火泡約3分鐘，開火炸至上色。（圖19~20）

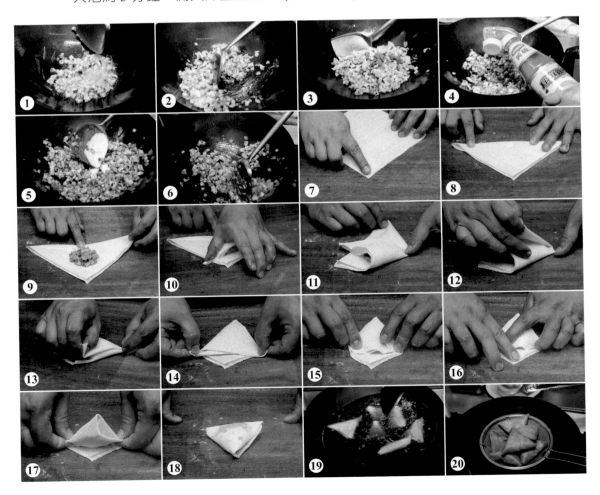

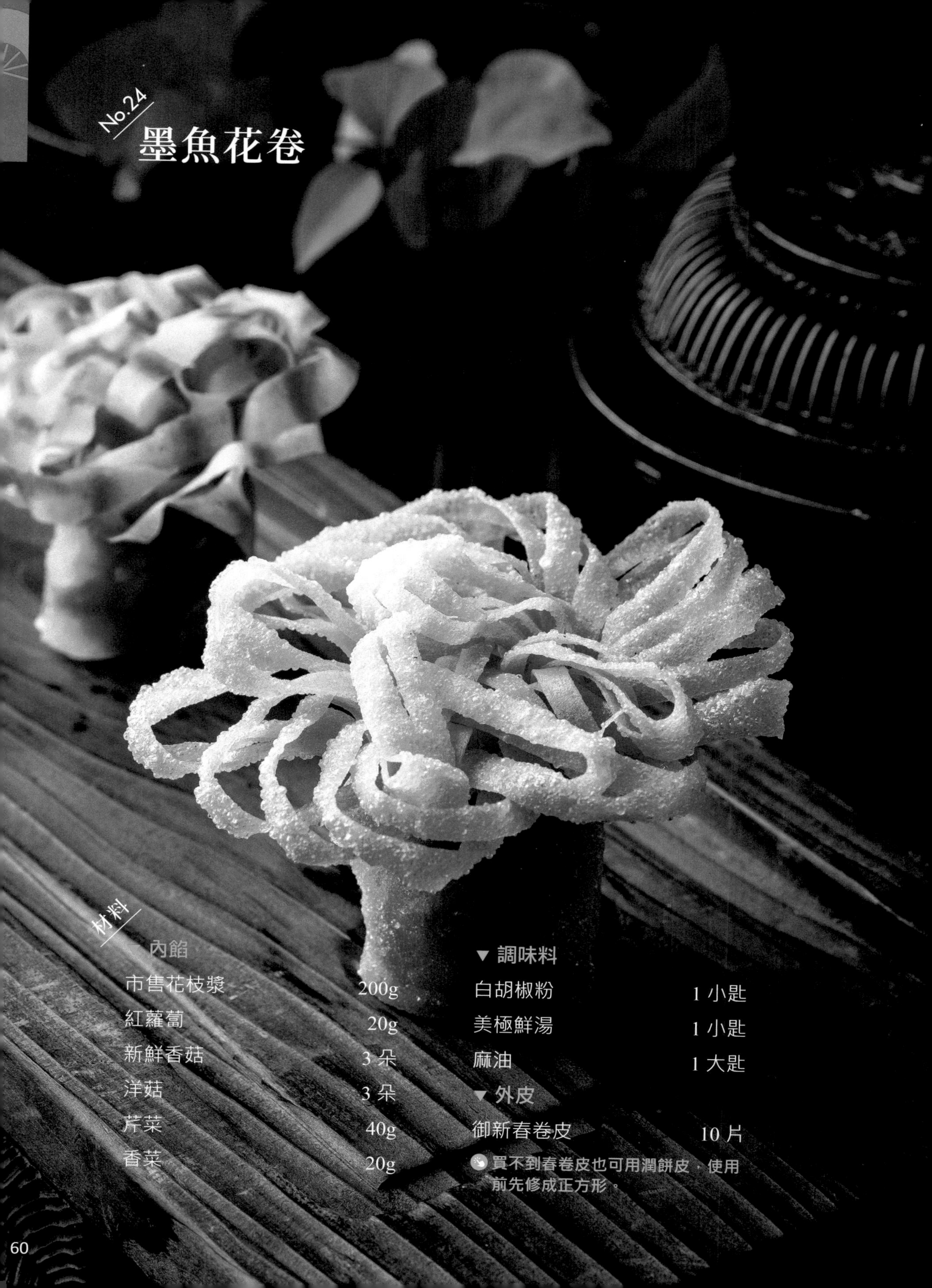

No.24 墨魚花卷

材料

▼ 內餡

市售花枝漿	200g
紅蘿蔔	20g
新鮮香菇	3 朵
洋菇	3 朵
芹菜	40g
香菜	20g

▼ 調味料

白胡椒粉	1 小匙
美極鮮湯	1 小匙
麻油	1 大匙

▼ 外皮

御新春卷皮	10 片

買不到春卷皮也可用潤餅皮，使用前先修成正方形。

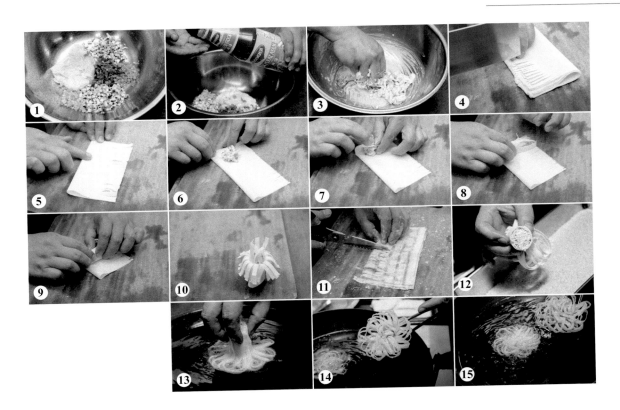

1 　【備料】紅蘿蔔洗淨削皮切小粒；新鮮香菇洗淨剪去蒂頭，切小粒；洋菇洗淨切小粒；芹菜、香菜洗淨切除根部切碎。

2 　【內餡】作法 1 食材、市售花枝漿全部放入容器中摔打起漿，加入白胡椒粉、美極鮮湯拌勻，加入麻油拌勻，妥善封好放入冷藏，墨魚盒內餡完成。（圖 1~3）
　　💡 ① 冷藏調整內餡軟硬度，太軟不好包。
　　　② 墨魚是香港的說法，台灣叫做花枝。

3 　【包餡造型 1】春卷皮疊起，於外側切一半長度，間隔 0.5 公分切一刀（也可以用剪刀剪）。（圖 4）

4 　春卷皮鋪底摺起，抹上麵糊，放上 30g 內餡，捲起。（圖 5~10）
　　💡 低筋麵粉 1：水 1 預先調勻，有用麵糊後續炸才黏的住，否則會散開。

5 　【包餡造型 2】春卷皮疊起，於內側切一半長度，間隔 0.5 公分切一刀（也可以用剪刀剪）。（圖 11）

6 　春卷皮鋪底摺起（尖角稍微錯開，不可工整摺起，工整摺起炸出來不好看）。

7 　抹上麵糊（水 1：低筋麵粉 1），放上 30g 內餡，捲起。

8 　包餡好的兩種造型，底部沾生白芝麻（配方外）封起。（圖 12）
　　💡 底部用生白芝麻封起，避免油炸時吃油過多。

9 　【熟製】鍋子加入適量沙拉油，加熱至 170 ℃，手捉住底部頭朝下炸至微定型，接著改用夾子，整顆倒轉放入，炸至熟成金黃。（圖 13~15）

芝士焗烤娃娃菜

材料

▼ 食材

娃娃菜	5 顆
煙燻鮭魚	3 片
火腿	2 片
新鮮香菇	3 朵
洋蔥	半顆

▼ 調味料

鹽	1 小匙
細砂糖	2 小匙
白胡椒粉	少許
雀巢全脂牛奶	100c.c.
美極上湯雞粉	1 匙
燙娃娃菜水	50c.c.

▼ 勾芡

低筋麵粉	100g
雀巢全脂牛奶	100c.c.

▼ 其他

無鹽奶油	20g
起司粉	30g
起司絲	30g

作法

1 【備料】娃娃菜對剖洗淨；新鮮香菇洗淨切片；煙燻鮭魚、火腿切小丁片；洋蔥切小丁。

2 準備一鍋熱水，汆燙娃娃菜，撈起瀝乾；低筋麵粉加雀巢全脂牛奶調勻備用（用來勾芡）。（圖1）

3 【熟製】炒鍋熱油，爆香新鮮香菇，加入煙燻鮭魚炒至上色金黃。（圖2~3）

4 下洋蔥小火炒香，炒至洋蔥微軟關火（這邊如果不關火，洋蔥很快會焦掉），加入火腿拌炒均勻。（圖4）

5 加入無鹽奶油炒勻，下調味料所有材料煮勻，下麵粉鮮奶勾芡，盛入碗中。（圖5~8）
🐢 用麵粉勾芡會比較濃，跟太白粉是不同的，因為麵粉的吸水力很強。

6 加入起司粉拌勻，盛入娃娃菜表面，撒上起司絲。（圖9~12）

7 送入預熱好的烤箱，以上火 300 ℃ 烤至表面金黃，完成。

材料

▼ 炒花生粉

花生粉	50g
椰子粉	20g
生白芝麻	10g
糖粉	50g
二砂糖	25g

▼ 麵團

糯米粉	250g
御新澄粉（澄麵）	50g
熱水	100c.c.
水	125c.c.
細砂糖	40g
豬油	50g

▼ 糖水

水	1000c.c.
冬瓜糖	1 片
二砂糖	6 兩
陳皮	1/2 片
老薑	1 塊

▼ 調味料

魚鬆（肉鬆）	適量
香鬆	適量
海苔絲	適量

作法

1 【糖水】老薑洗淨切片；鍋子加入水、冬瓜糖、二砂糖、陳皮、老薑片，中大火煮滾，煮滾後關火，浸泡30分鐘。（圖1~4）

2 【炒花生粉】乾鍋加入椰子粉、生白芝麻、糖粉、二砂糖，中小火炒至椰子粉變色金黃，加入花生粉炒勻，盛起。（圖5~6）

3 【麵團】參考 No.13 香蔥鮮肉煎麻糬作法 1~2 製作糯漿麵團，分割 20g，搓圓。（圖7~8）

4 準備一鍋滾水，放入麵團煮至浮起，煮的期間要不時拌一下，避免材料黏底，煮熟麵團。（圖9）

5 將麵團加入作法 1 糖水中，燒煮 8~10 分鐘，關火燜 3 分鐘，撈起盛盤。（圖10~12）

6 撒上作法 2 炒花生粉，撒上魚鬆、香鬆、海苔絲，完成。

Part2
輕食午茶時光

材料

▼ 食材		▼ 調味料	
螺旋麵	200g	美極鮮辣汁	1 大匙
雞胸肉條	80g	米酒	1 大匙
美國蘆筍	60g	飲用水	100c.c.
松本茸	50g	美極上湯雞粉	1 小匙
蒜碎	10g	白胡椒粉	1 小匙
蔥珠	10g	糖	1 小匙
紅蔥頭碎	10g		
乾辣椒	10g		
紅辣椒片	10g		

No.27 清炒鮮辣汁嫩雞螺旋麵

作法

1 【備料】美國蘆筍洗淨，削掉粗纖維切段；松本茸洗淨切半；蔥珠分出蔥白、蔥綠；備妥所有食材。（圖1~2）

2 準備一鍋滾水，放入1大匙鹽（配方外）、少許油（配方外）、螺旋麵，中火煮8分鐘。
   ① 使用橄欖油或沙拉油都可以，一般燙西式麵點可以用橄欖油。
   ② 加鹽是希望麵條帶一些鹹味；加油是為了防止沾黏。

3 確認熟了撈起瀝乾，放入冰塊水中快速冰鎮，再次撈起瀝乾，備用。
   冰鎮可讓麵條快速降溫，麵條不會爛掉，反而能呈現Q度。

4 【熟製】炒鍋熱鍋，下少許沙拉油(配方外)，中火爆香紅蔥頭、蒜碎、蔥白珠，慢慢爆至材料香氣散發，蒜碎上色。（圖3）
   大火爆香材料雖然快速上色，香氣會稍嫌不足。

5 加入美國蘆筍、松本茸中火快炒，炒到松本茸上色、釋出香氣。（圖4）

6 延著鍋邊倒入米酒嗆鍋，入約100c.c.飲用水炒勻，關火，下其它調味料、雞胸肉條，炒至雞肉呈6~7分熟。（圖5~8）
   沒有勾芡看起來卻有濃稠感，是因為煨煮後，義大利麵的「澱粉」與菇類的「多醣體」釋放的關係。

7 關火，加入螺旋麵炒勻，炒至醬料巴上螺旋麵，收汁。（圖9~11）
   可以試吃一下，味道不夠再補一點美極鮮辣汁。（圖10）

8 加入蔥綠珠、乾辣椒、紅辣椒片炒勻點綴顏色，完成。（圖12）

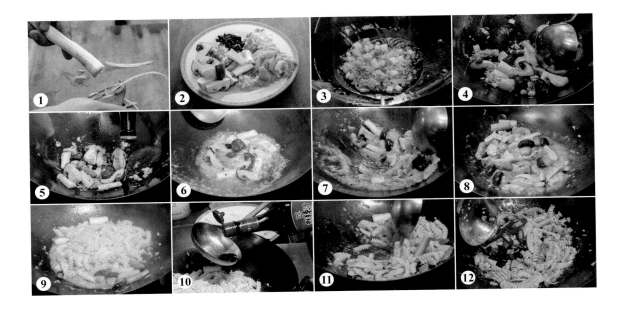

No.28 堡康利炆燒餐肉通心粉

材料

▼ 食材
義式通心粉	200g
牛番茄丁	30g
洋蔥丁	30g
蒜碎	10g
蝦仁	6 尾
黃甜椒丁	30g
西芹丁	30g
洋菇片	30g
火腿丁	30g
荷蘭豆	30g

▼ 調味料
堡康利番茄原醬	2 大匙
美極上湯雞粉	1 小匙
水	120c.c.
糖	1 匙
黑胡椒粒	1 匙
鹽	1 匙
白胡椒粉	1 匙

作法

1 【備料】蝦仁開背取出腸泥，品種不限，確認新鮮就好；備妥所有食材。（圖 1）

2 準備一鍋滾水，放入 1 大匙鹽（配方外）、少許油（配方外）、義式通心粉，中火煮 8 分鐘。
- ① 使用橄欖油或沙拉油都可以，一般燙西式麵點可以用橄欖油。
- ② 加鹽是希望麵條帶一些鹹味；加油是為了防止沾黏。

3 確認熟了撈起瀝乾，放入冰塊水中快速冰鎮，再次撈起瀝乾，備用。（圖 2）
- 冰鎮可讓麵條快速降溫，麵條不會爛掉，反而能呈現 Q 度。

4 【熟製】炒鍋熱鍋，下少許沙拉油（配方外），中火爆香牛番茄丁、洋蔥丁、蒜碎，爆至香氣飄散，洋蔥透明炒軟。（圖 3）
- 大火爆香材料雖然快速上色，香氣會稍嫌不足。

5 加入蝦仁、洋菇片炒勻，加入調味料轉大火煮勻，煮至鍋內沸騰冒泡。（圖 4~8）

6 加入黃甜椒丁、西芹丁、火腿丁炒勻，加入義式通心粉煨煮收汁，加入荷蘭豆快速拌炒，盛盤完成。（圖 9~12）

No.29 PIZZA 菠蘿油

材料

▼ 食材

有鹽奶油	3 片
碎冰	1 小碗

▼ 麵團

高筋麵粉	90g
低筋麵粉	10g
奶粉	3g
細砂糖	10g
乾酵母	2g
全蛋	15g
水	15g
三花奶水	20g
無鹽奶油	10g

▼ 披薩

火腿角	3 片
披薩吉士	30g
義式烤雞香料	10g
乾迷迭香	少許

🍳 食材碎冰用來防止有鹽奶油融化，
麵包烤好搭配有鹽奶油品嚐，風味
更佳。

（續下頁）

作法

1 【麵團】高筋麵粉、低筋麵粉、奶粉過篩。攪拌缸分區放入乾性材料，再倒入全蛋、水、三花奶水、無鹽奶油，中速攪打至材料大致混勻。（圖 1~3）

2 轉高速攪打至成團、筋性出現，一開始麵團會黏攪拌缸，再打一下麵團就會被帶起來，當底部麵團都被帶起來時轉慢速，再打 1~2 分鐘。（圖 4~10）

　　🕐 桌面放上適量手粉，檢測麵團是否可拉到三倍長，可以拉就是好了。或者扯出薄膜，薄膜狀態是可透光，破掉時破口圓潤。

3 【分割鬆弛】麵團收整成長條，用切麵刀分割 100g，滾圓，間距相等放上不沾烤盤，室溫靜置發酵 15 分鐘。（圖 11~14）

4 【整形】擀開麵團，尾部特別擀薄，鋪上火腿角、義式烤雞香料、乾迷迭香，指腹稍微壓到分布均勻（或用擀麵棍擀一下），撒披薩吉士。（圖 15~18）

5 翻面，由下朝上捲起，頭尾尖端相連用虎口捏尖，壓平，以 45 度角放入紙模中。（圖 19~31）

6 【最後發酵】室溫靜置發酵 4.5~6 小時（溫度 28°C，無濕度），發酵至兩倍大。（圖 32）

7 【烘烤】送入預熱好的烤箱，以上火 160/ 下火 180°C，烘烤 14~16 分鐘。

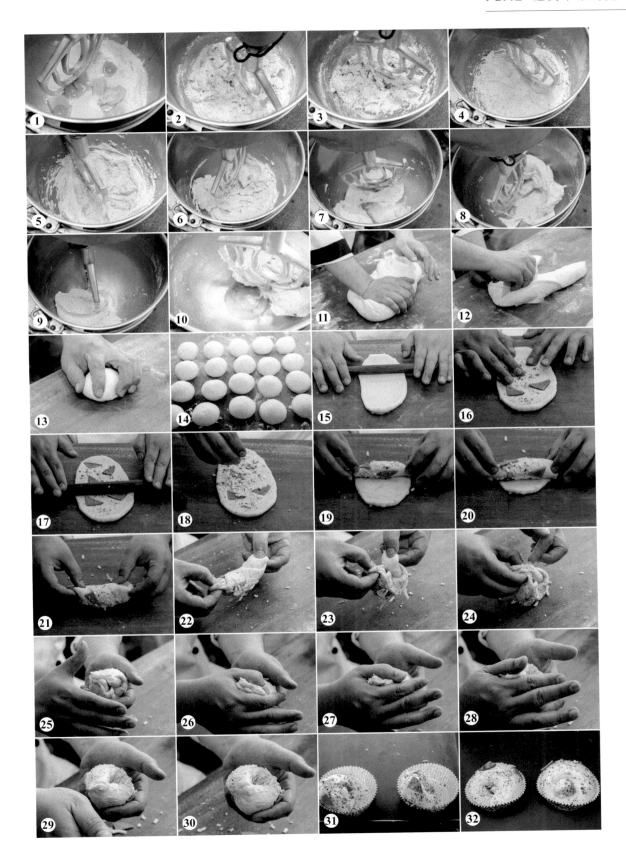

香草咖啡菠蘿油

▼ 食材	
有鹽奶油	3 片
碎冰	1 小碗
▼ 麵團	
高筋麵粉	60g
低筋麵粉	20g
奶粉	3g
細砂糖	2g
乾酵母	2g
全蛋	15g
水	15g
三花奶水	20g
無鹽奶油	1g
▼ 菠蘿酥皮	
無鹽奶油	20g
細砂糖	10g
蛋黃	1 顆
奶粉	5g
低筋麵粉	40g
香草咖啡粉	10~20g

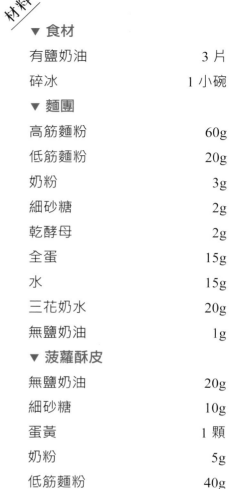

1 　【菠蘿酥皮】桌面放上低筋麵粉挖出一個粉牆，中心放入無鹽奶油、細砂糖、蛋黃、奶粉。（圖 1）

2 　先把中心的材料混勻，再搭配切麵刀用手和勻，加入香草咖啡粉拌勻，用保鮮膜妥善包起，放入冷藏備用。（圖 2~6）
　🌀 材料的香草咖啡粉要使用即溶型的，用研磨的會不均勻。

3 　【麵團】高筋麵粉、低筋麵粉、奶粉過篩。攪拌缸分區放入乾性材料，再倒入全蛋、水、三花奶水、無鹽奶油，中速攪打至材料大致混勻。
　🌀 ① 桌面放上適量手粉，檢測麵團是否可拉到三倍長，可以拉就是好了。或者扯出薄膜，薄膜狀態是可透光，破掉時破口圓潤。
　② 可參考「No.29 PIZZA 菠蘿油」P.74 作法 1 圖片幫助理解。

4 　轉高速攪打至成團、筋性出現，一開始麵團會黏攪拌缸，再打一下麵團就會被帶起來，當底部麵團都被帶起來時轉慢速，再打 1~2 分鐘。
　🌀 可參考「No.29 PIZZA 菠蘿油」P.74 作法 2 圖片幫助理解。

5 【分割鬆弛】麵團收整成長條，用切麵刀分割 100g，滾圓，間距相等放上不沾烤盤，室溫靜置發酵 15 分鐘。
🌀 可參考「No.29 PIZZA 菠蘿油」P.74 作法 3 圖片幫助理解。

6 冷藏後菠蘿酥皮如果冰太久水分流失，可以添加少許奶油揉製，調整到不會龜裂的狀態即可，搓成長條狀，切麵刀分割 30g，搓圓。

7 【整形】擀開麵團，放上菠蘿酥皮，指腹稍微壓到分布均勻，用擀麵棍擀到貼合，尾部擀薄。（圖 7~8）

8 翻面，由下朝上捲起，頭尾尖端相連用虎口捏尖，壓平，以45度角放入紙模中。（圖 9~13）

9 【最後發酵】室溫靜置發酵 4.5~6 小時（溫度 28℃，無濕度），發酵至兩倍大。（圖 14）
🌀 有菠蘿酥皮這項材料，注意發酵環境不可有濕度，過濕菠蘿酥皮會軟掉。

10 【烘烤】送入預熱好的烤箱，以上火 160/ 下火 180℃，烘烤 12~15 分鐘。
🌀 烤咖啡菠蘿包時特別要注意火侯，咖啡口味的菠蘿酥皮如果烤過頭容易帶苦味，食用前表面可以撒少許糖粉調整口感。

11 有鹽奶油片放上碎冰冰鎮，食用時在麵包中間劃一橫刀，夾入冰鎮奶油片，表面撒上適量糖粉（配方外）完成。
🌀 夾入的奶油使用有鹽、無鹽都可以，依個人口味選擇即可。

冰火菠蘿油

材料

▼ 食材
有鹽奶油	3 片
碎冰	1 小碗

▼ 麵團
高筋麵粉	90g
低筋麵粉	10g
奶粉	3g
細砂糖	10g
乾酵母	2g
全蛋	15g
水	15g
三花奶水	20g
無鹽奶油	10g

▼ 菠蘿皮
無鹽奶油	20g
細砂糖	10g
蛋黃	1 粒
奶粉	5g
低筋麵粉	40g

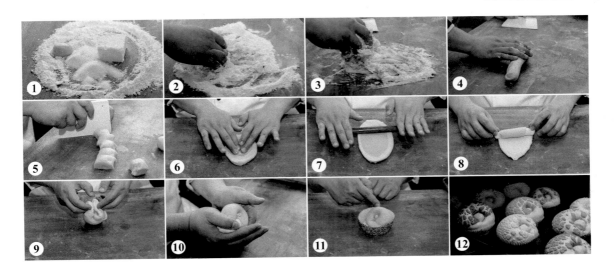

1 【菠蘿酥皮】桌面放上低筋麵粉挖出一個粉牆，中心放入無鹽奶油、細砂糖、蛋黃、奶粉。（圖1）

2 先把中心的材料混勻，再搭配切麵刀用手和勻，用保鮮膜妥善包起，放入冷藏備用。（圖2~4）

3 【麵團】高筋麵粉、低筋麵粉、奶粉過篩。攪拌缸分區放入乾性材料，再倒入全蛋、水、三花奶水、無鹽奶油，中速攪打至材料大致混勻。

🌀 桌面放上適量手粉，檢測麵團是否可拉到三倍長，可以拉就是好了。或者扯出薄膜，薄膜狀態是可透光，破掉時破口圓潤。可參考「No.29 PIZZA 菠蘿油」P.74 作法 1 圖片幫助理解。

4 轉高速攪打至成團、筋性出現，一開始麵團會黏攪拌缸，再打一下麵團就會被帶起來，當底部麵團都被帶起來時轉慢速，再打 1~2 分鐘。

🌀 可參考「No.29 PIZZA 菠蘿油」P.74 作法 2 圖片幫助理解。

5 【分割鬆弛】麵團收整成長條，用切麵刀分割 100g，滾圓，間距相等放上不沾烤盤，室溫靜置發酵 15 分鐘。可參考「No.29 PIZZA 菠蘿油」P.74 作法 3 圖片幫助理解。

6 冷藏後菠蘿酥皮如果冰太久水分流失，可以添加少許奶油揉製，調整到不會龜裂的狀態即可，搓成長條狀，切麵刀分割 30g，搓圓。（圖5）

7 【整形】擀開麵團，放上菠蘿酥皮，指腹稍微壓到分布均勻，用擀麵棍擀到貼合，尾部擀薄。（圖6~7）翻面，由下朝上捲起，頭尾尖端相連用虎口捏尖，壓平，以 45 度角放入紙模中。（圖8~11）

8 【最後發酵】室溫靜置發酵 4.5~6 小時（溫度 28℃，無濕度），發酵至兩倍大。（圖12）

9 【烘烤】送入預熱好的烤箱，以上火 160/ 下火 180℃，烘烤 14~16 分鐘。

10 有鹽奶油片放上碎冰冰鎮，食用時在麵包中間劃一橫刀，夾入冰鎮奶油片完成。

🌀 菠蘿包發酵時間務必充足，否則製作出來的菠蘿包會又小又硬，烤箱溫度也要控制得宜，若麵包太早上色，可將烤箱微開餘溫燜熟。製作酥皮時盡量不要揉至起筋，攪拌均勻即可，烘烤時菠蘿酥皮才不會縮小，若酥皮起筋也無妨，壓大張一點，用牙籤劃交叉格子狀也可以很美。

叉燒焗餐包

材料

▼ 食材

梅花肉	600g
洋蔥丁	30g
香菜(取根切碎)	10g

▼ 餐包

高筋麵粉	120g
細砂糖	12g
乾酵母	2g
全蛋	10g
水	50~65g
無鹽奶油	4g

▼ 叉燒醬

老薑片	30g
洋蔥片	30g
蔥段	30g
水	600c.c.
深色醬油	60c.c.
蠔油	45g
二砂糖	220g
白胡椒粉	1匙
胡麻油	1大匙
紅麴粉	1大匙

▼ 醃叉燒

深色醬油	1大匙
蠔油	1大匙
紅麴醬	1大匙
二砂糖	1大匙
白胡椒粉	1匙
米酒	1匙
紹興酒	1匙
太白粉	1匙
香油	1匙

（續下頁）

作法

1　【叉燒醬】鍋子熱油加入老薑片、洋蔥、蔥段爆香備用。（圖 1）

2　加入其它材料煮滾，將洋蔥、老薑、蔥段撈出，取太白粉 60g、玉米粉 35g、水 180c.c. 調勻勾芡（勾芡材料皆配方外）完成叉燒醬。（圖 2~8）
　　🖐 取適量勾芡即可，不需全加，調製到圖 8 的濃稠度。

3　【醃叉燒】梅花肉加入所有醃叉燒材料拌勻，妥善封起冷藏 1 晚。（圖 9~12）

4　【備餡】炒鍋熱油，中大火將港式叉燒肉煎至表面上色，送入預熱好的烤箱，以上下火 250°C 烤 20~25 分鐘，烤熟切丁。（圖 13~19）
　　🖐 ① 港式叉燒肉因為醃製關係，從外觀看不出是否熟成，建議在肉最厚的地方剪一刀，看內裏狀態確認是否熟成。
　　　② 也可以直接用烤箱烤熟，一樣上下火 250°C，烤 20~25 分鐘，差別只在於表面上色狀態。

5　鍋子洗淨，炒鍋重新熱油，將洋蔥丁中火爆香，爆至香氣飄散，洋蔥呈半透明狀態。（圖 20）

6　港式叉燒肉丁、爆香過的洋蔥丁、叉燒醬、香菜、一同拌勻，內餡放涼備用。（圖 21~24）
　　🖐 叉燒肉跟叉燒醬的比例為，叉燒肉 1：叉燒醬 1.5。

7　【餐包】攪拌缸分區加入乾性材料，再倒入全蛋、水、無鹽奶油，中速攪打至材料混勻，再轉高速攪打至成團、筋性出現，一開始麵團會黏攪拌缸，再打一下麵團就會被帶起來，當底部麵團都被帶起來時轉慢速，再打 1~2 分鐘。
　　🖐 桌面放上適量手粉，檢測麵團是否可拉到三倍長，可以拉就是好了。或者扯出薄膜，薄膜狀態是可透光，破掉時破口圓潤。

8　【分割鬆弛】麵團收整成長條，用切麵刀分割 50g，滾圓，間距相等放上不沾烤盤，發酵 15 分鐘。

9　【整形】麵團用擀麵棍擀開，擀中間厚邊緣薄，抹入 40g 內餡，一手托著麵團，另一手拇指固定，用食指收摺麵團，收整成圓形。（圖 25~34）

10　【最後發酵】收口朝下，間距相等排入不沾烤盤中（此處可以做一點造型變化，再取兩端搓尖，搓成橄欖形），室溫靜置發酵 1.5~2 小時（溫度 28°C，無濕度），發酵至兩倍大。

11　【烘烤】刷薄薄一層蛋黃液（配方外），送入預熱好的烤箱，以上火 160/ 下火 180°C，烘烤 12~15 分鐘。（圖 35~36）

12　放涼冷卻後，於麵包表面刷一層薄薄的蜂蜜（配方外）。
　　🖐 成功的餐包是非常柔軟的，關鍵就是「發酵時間」與烘烤的「溫度、時間」；溫度太高、時間太長都會帶走麵包水分，餐包就會乾硬不鬆軟，多操作幾次就會有不一樣的心得，做麵包就是要這麼有感情喔～

▼ 麵團

高筋麵粉	90g
低筋麵粉	10g
奶粉	3g
細砂糖	10g
乾酵母	2g
全蛋	15g
水	15g
三花奶水	20g
無鹽奶油	10g

▲ 好的吐司撕開後會有絲狀組織。

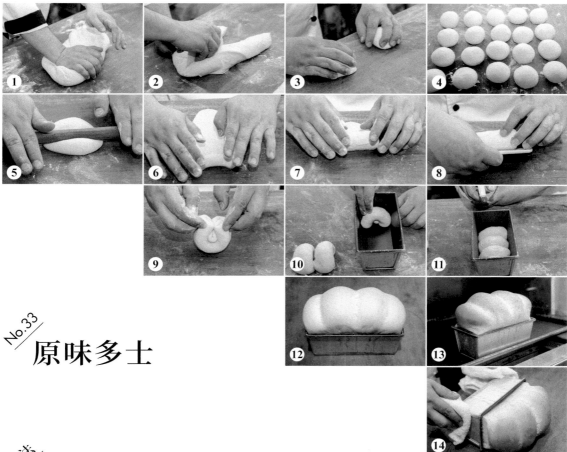

No.33
原味多士

作法

1 【麵團】高筋麵粉、低筋麵粉、奶粉過篩。攪拌缸分區放入乾性材料，再倒入全蛋、水、三花奶水、無鹽奶油，中速攪打至材料大致混勻。

　🔆 桌面放上適量手粉，檢測麵團是否可拉到三倍長，可以拉就是好了。或者扯出薄膜，薄膜狀態是可透光，破掉時破口圓潤。可參考「No.29 PIZZA 菠蘿油」P.74 作法 1 圖片幫助理解。

2 轉高速攪打至成團、筋性出現，一開始麵團會黏攪拌缸，再打一下麵團就會被帶起來，當底部麵團都被帶起來時轉慢速，再打 1~2 分鐘。

　🔆 可參考「No.29 PIZZA 菠蘿油」P.74 作法 2 圖片幫助理解。

3 【分割鬆弛】麵團收整成長條，用切麵刀分割 100g，滾圓，間距相等放上不沾烤盤，室溫靜置發酵 20~30 分鐘。（圖 1~4）

　🔆 可參考「No.29 PIZZA 菠蘿油」P.74 作法 3 圖片幫助理解。

4 【整形】輕拍排氣，用擀麵棍擀開，由上而下捲起，對摺，放入吐司模（三能 SN2151）。（圖 5~10）

5 【最後發酵】噴水，室溫靜置發酵 4.5~5.5 小時（溫度約 28°C，室溫發酵即可），注意寒流來要發酵 6 小時，發酵至兩倍大。（圖 11~12）

6 【烘烤】送入預熱好的烤箱，以上火 160/ 下火 180°C，烘烤 14~16 分鐘。（圖 13）

7 出爐重敲，把熱氣震出，置於涼架放涼。（圖 14）

麻油雞炭烤吐司

材料

▼ 食材

食材	份量
No.33 原味多士	1 條
雞胸肉	1 片
牛番茄	4 片
新鮮生菜	40g
雞蛋	2 顆

▼ 麻油雞醃料

薑麻油	1 碗
米酒	1 碗
美極鮮雞汁	1 匙
白胡椒粉	1 小匙
太白粉	1 小匙

作法

1 【備料】牛番茄洗淨切片；新鮮生菜洗淨；雞蛋打散備用。

2 【醃麻油雞】雞胸肉與麻油雞醃料一同拌勻，妥善封起，冷藏醃製 6 小時以上。

🫕 薑麻油製作方法：老薑薄片 1 碗、胡麻油 1 碗，小火將老薑煸乾煸香，夾起老薑薄片，取薑麻油備用。

3 【熟製】炒鍋熱鍋，加入少許沙拉油（配方外）、少許胡麻油（配方外）熱油，倒入蛋液，中大火煎熟，煎成四方片。（圖 1~5）

🖐 ① 熱鍋下油，油熱後再下蛋液，鍋熱油熱蛋比較不會黏鍋。
② 可搭配半熟蛋，口感更多汁濕潤。

4 炒鍋熱鍋，加入少許沙拉油（配方外）、少許胡麻油（配方外）熱油，放入醃好的作法 2 麻油雞，中火兩面煎熟。（圖 6~8）

5 【組合】麵包刀將「No.33 原味多士」吐司切片，夾入煎好麻油雞、牛番茄、蛋皮、新鮮生菜。

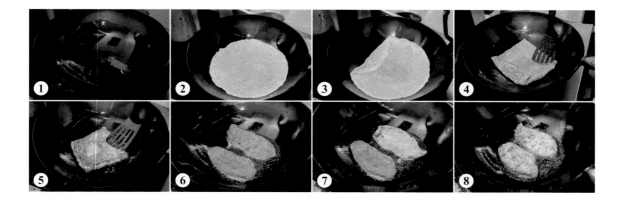

No.35

奶油脆脆豬仔飽

材料

▼ 食材

有鹽奶油	適量
蜂蜜	適量
三花煉奶	適量
巧克力醬	適量

▼ 豬仔麵團

高筋麵粉	70g
低筋麵粉	30g
鹽	2g
細砂糖	6g
乾酵母	2g
水	35g
三花煉奶	15g
雀巢全脂牛奶	15g

作法

1 【麵團】機器攪拌：高筋麵粉、低筋麵粉過篩。攪拌缸分區加入乾性材料，再倒入水、三花奶水、雀巢全脂牛奶，中速攪打至材料大致混勻，再轉高速攪打至成團。（圖 1~12）

　　🖐 桌面放上適量手粉，檢測麵團是否可拉到三倍長，可以拉就是好了。

2 手揉攪拌：高筋麵粉、低筋麵粉過篩。鹽、細砂糖、乾酵母加入部分配方水溶解；攪拌缸加入所有材料，把材料大致混勻揉至成團。

　　🖐 機器攪拌與手揉攪拌擇一操作即可。

3 【分割造型 1】麵團收整成長條，用切麵刀分割 100g，滾圓，間距相等放上不沾烤盤。（圖 13~18）

4 【分割造型 2】麵團收整成長條，用切麵刀分割 100g，滾圓，搓成橄欖形，間距相等放上不沾烤盤。（圖 19~20）

　　🖐 分割造型 1 與分割造型 2 擇一操作即可。

5 【中間發酵】噴水，麵團蓋上袋子（避免表面乾掉），室溫靜置發酵 30 分鐘（室溫約 28℃，無濕度）。（圖 21~22）

6 【造型 1 整形】麵團剪十字，注意不可剪太深，深度約 1/3 即可，噴水。（圖 23）

　　🖐 剪之前噴水讓它不黏，剪之後噴水讓麵團可以順利發起來。

7 【造型 2 整形】中心劃一刀，表面噴水。（圖 24~26）

8 【最後發酵】室溫靜置發酵 4.5~6 小時（溫度 28℃，無濕度），發酵至兩倍大。（圖 27~28）

9 【烘烤】送入預熱好的烤箱，以上火 220/ 下火 180℃，烘烤 12~15 分鐘。

10 戴上手套將麵包切片，趁熱抹上有鹽奶油，讓麵包的熱氣慢慢融化奶油（也可再烤
至奶油融化），擠上蜂蜜、煉奶、巧克力醬，完成。

> 🐷 家庭式烤箱火力不均勻，記得調整豬仔飽位置，及拉長烘烤時間，麵包才夠酥脆。出爐切片，配上
喜歡的醬料，酥脆甜蜜的滋味就是幸福。

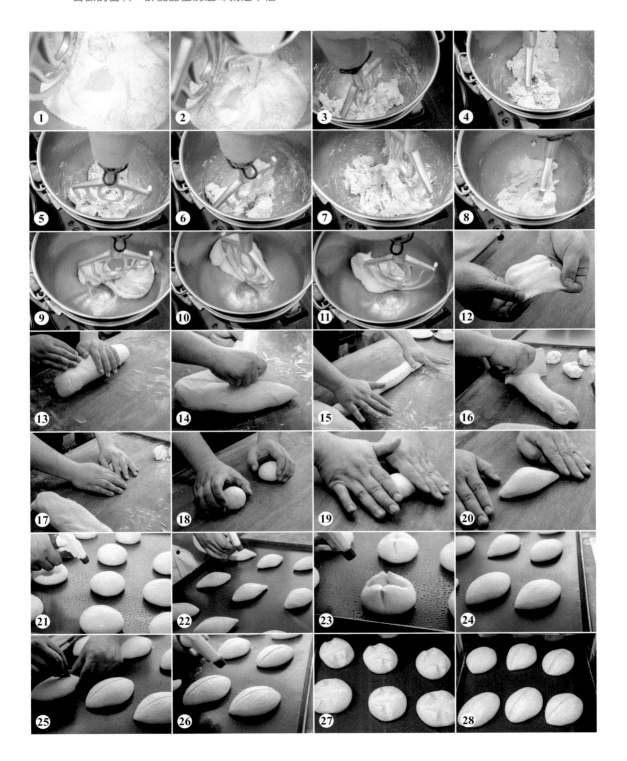

^{No.36} 法式豬扒飽

材料

▼ 食材

里肌肉	200g
生菜	30g
洋蔥細絲	10g
牛番茄片	3 片

▼ 豬仔麵團

高筋麵粉	70g
低筋麵粉	30g
鹽	2g
細砂糖	6g
乾酵母	2g
水	35g
三花奶水	15g
雀巢全脂牛奶	15g

▼ 豬扒醃料

蠔油	1 小匙
花雕酒	1 小匙
二砂糖	1 小匙
白胡椒粉	1 小匙
香油	1 匙
水	50c.c.
美極上湯雞粉	1 小匙

▼ 法式蛋液

全蛋	1 顆
三花奶水	100c.c.
蜂蜜	50c.c.
雀巢全脂牛奶	50c.c.

作法

1 【麵團】參考「No.35 奶油脆脆豬仔飽」P.88~90 作法 1~6 完成烤好的麵包，造型可隨意挑選，「No.36 法式豬扒飽」使用造型 1 圓麵包，從中橫向切半。(圖 1~2)
> 🖐 豬扒麵包入烤箱前，最後發酵最少要發到 2 倍大。

2 【備料】將里肌肉斷筋，用刀背把里肌肉排拍約一倍大，與豬扒醃料一同醃製，用手抓拌至里肌肉吸收液體材料，冷藏醃製 6 小時以上。(圖 3~5)

3 【熟製】法式蛋液材料混勻；取底部那塊沾上法式蛋液，將沾蛋液面朝上，送入烤箱烘烤，烤至表面上色、烤脆。(圖 6~8)
> 🖐 此處烘烤也可以用烤麵包機，麵包機大約 3~5 分鐘，烤箱的話預熱上火 160/ 下火 120℃，只要烤到麵包上色即可，注意不要烤焦。

4 炒鍋熱油，下醃好的里肌肉，煎至兩面金黃、熟成。(圖 9~12)
> 🖐 煎豬扒時火候要注意，蠔油跟糖容易焦化，平底鍋把豬扒燒到兩面上色後，轉小火煎熟即可，煎完可把鍋裡剩餘的醬汁淋在豬扒上，口感更多汁入味。

5 【組合】麵包夾入豬扒、生菜、洋蔥細絲、牛番茄片，完成。

朝氣五仁盞

材料

▼ 內餡

葡萄乾	120g
生核桃	30g
杏仁片	30g
南瓜籽	30g
腰果	30g
夏威夷豆	30g

▼ 食材

烤熟蛋塔盞	12 個

▼ 塑形糖漿

二砂糖	50g
水麥芽糖	120g
蜂蜜	20g
水	30g
無鹽奶油	30g

作法

1 【內餡】葡萄乾、生核桃、杏仁片、南瓜籽、腰果、夏威夷豆洗淨，送入預熱好的烤箱，以上下火 150°C 烤至全熟，放涼備用。（圖 1）

2 【塑型糖漿】鍋子加入塑形糖漿所有材料，小火加熱至材料煮勻，質感會漸漸轉為濃稠，邊緣開始起泡，慢慢煮滾，滴落時會越來越慢，最後定住。（圖 2~5）

3 【組合】作法 1 放入瓷碗，再倒入作法 2 拌勻，填入烤熟蛋塔盞中，完成。（圖 6~9）

🔖 如果操作太慢糖漿凝結，可以再回煮恢復，但要注意回煮太多次糖漿力道會變弱，與食材拌勻會抓不住食材，容易反砂，還原成糖顆粒。

材料

▼ 酥餅

低筋麵粉	300g
泡打粉	2g
小蘇打粉	3g
二砂糖	120g
全蛋	50g
豬油	120g
熟核桃碎	20g
熟杏仁角	20g

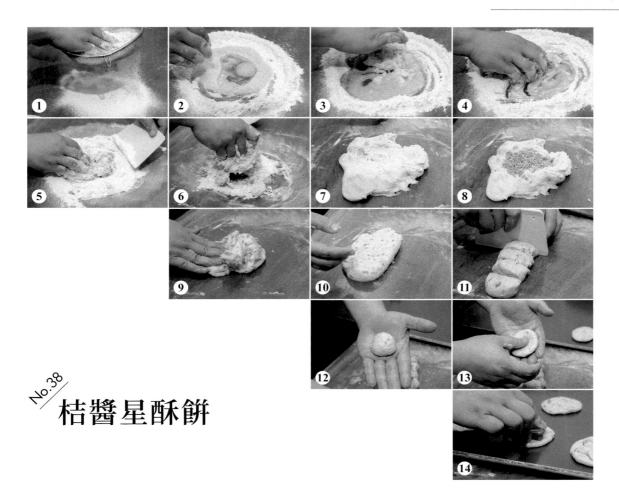

No.38 桔醬星酥餅

1 【酥餅】低筋麵粉、泡打粉、小蘇打粉過篩至桌面，中心挖出一個粉洞。（圖1）

2 放入二砂糖、全蛋，用手稍微混勻，再加入豬油混勻，用切麵刀將外圍粉類刮入中心，慢慢拌合。（圖2~7）

　🖐 如果麵團過軟，可以補一點麵粉，或者送入冷藏調整軟硬度。

3 倒入熟杏仁角、核桃碎混勻（不要揉避免出筋）。（圖8~10）

　🖐 注意混勻就好，不要操作到出油，如果不幸出油了，可以送入冰箱冷藏 20 分鐘補救。

4 搓成長條，切麵刀分割 35g，搓圓，中心用拇指輕壓。（圖 11~13）

5 再用手掌輕輕壓扁，間距相等排上烤盤，指尖輕壓（讓它再均勻一點，避免太厚烤太久），壓上喜愛的模具。（圖 14）

6 【熟製】送入預熱好的烤箱，以上下火 150°C 烤 10 分鐘，開爐，把餅乾一個一個翻面，溫度改 160°C 再烤 12 分鐘，烤至熟成酥脆。

　🖐 如果溫度太高，餅乾底部已經上色了，可以在烤盤下再墊一個烤盤。

7 出爐放涼，在作法 4 拇指壓出的凹痕處擠入適量桔子醬（配方外）。

No.39

MILO 燒烤蜜醬串

材料

▼ 肉類

梅花豬豚肉	100g
太白粉	5g
淡色醬油	10c.c.
義式香料	5g

▼ 蔬菜

紅甜椒	10g
黃甜椒	10g
四季豆	10g
杏鮑菇	30g
紫洋蔥	10g
新鮮香菇	30g

▼ MILO 燒烤蜜醬

美祿二合一	2 大匙
市售烤肉醬	100c.c.
美極鮮味露	1 匙
淡色醬油	2 匙
熱水	50c.c.
二砂糖	1 大匙
蜂蜜	1 大匙

作法

1. 【備料】紅甜椒、黃甜椒洗淨去頭尾去籽，切小片；四季豆剝掉細絲切段；杏鮑菇切片；紫洋蔥切片；新鮮香菇去蒂頭切半。（圖 1~6）

2. 鋼盆加入肉類所有材料一同混勻，醃製 30 分鐘。（圖 7）

3. 【組合】將作法 1、2 食材用竹籤隨意串起，串兩串。（圖 8~9）

4. 【熟製】送入預熱好的烤箱，以上下火 200℃ 先烤 5 分鐘，看一下狀況，烤盤內外調頭，再烤 5 分鐘。

5. 【MILO 燒烤蜜醬】將美祿二合一、二砂糖加入熱水攪拌均勻、接著加入淡色醬油、美極鮮味露、市售烤肉醬攪拌均勻，放涼後加入蜂蜜拌勻，完成。（圖 10~11）

6. 作法 4 烤肉串烤熟後，刷上 MILO 燒烤蜜醬回烤，烤至醬料收乾（大約 3~5 分鐘），上桌前再刷一次 MILO 燒烤蜜醬，完成。（圖 12）

Part 3

補氣美容燉品熱糖水

No.40 蓮子紅棗雪蛤膏

材料

▼ 食材

蓮子	8 顆
大紅棗	2 顆
泡發雪蛤	40g

▼ 蔗糖水

蔗糖	45g
冰糖	30g
水	600g

作法

1　蓮子、大紅棗洗淨；蓮子送入預熱好的蒸籠，中火蒸 60 分鐘。

2　鍋子加入蔗糖水所有材料，中大火煮滾備用。（圖 1）

3　準備一鍋滾水，余燙泡發雪蛤，放入燉盅內。

4　再放入蓮子、紅棗、蔗糖水，送入預熱好的蒸籠，中火蒸燉 45 分鐘。（圖 2~4）

☙ 乾雪蛤如何泡發？

① 首先將雪蛤外表用清水洗淨，浸泡一晚，再將泡水膨脹的雪蛤剝去內外部雜質，換水，再泡 3 至 6 小時即可。（圖 5~9）

② 主要視乾雪蛤本身品質而定，泡越久漲越大、越多，但口感軟爛易化水，所以多一時不可，少一分也不行。

▲ 已泡發的雪蛤

No.41
冰糖川貝燉蜜梨

1 鍋子加入黃冰糖水所有材料，中大火煮滾備用。

2 雪梨（或稱水梨）洗淨削皮，去核切塊。（圖 1~8）

3 川貝洗淨，浸入熱水 3 小時；乾枸杞掏洗乾淨。（圖 9）
　🖐 川貝具清熱化痰，潤肺止咳療效。

4 燉盅放入雪梨、川貝、乾枸杞、黃冰糖水，送入預熱好的蒸籠，中火蒸燉 45 分鐘。（圖 10~12）
　🖐 ① 枸杞不耐煮，通常都是在快完成才加入（短時間即可完成），烹調時間太長枸杞會軟爛，並且會搶味。
　　② 另一種作法是梨子整顆挖除核、籽，以果實本體為容器，加入冰糖水一起燉煮，原汁原味。

▼ 食材

川貝	8 粒
乾枸杞	適量
雪梨	1 顆

▼ 黃冰糖水

黃冰糖	100g
水	600g

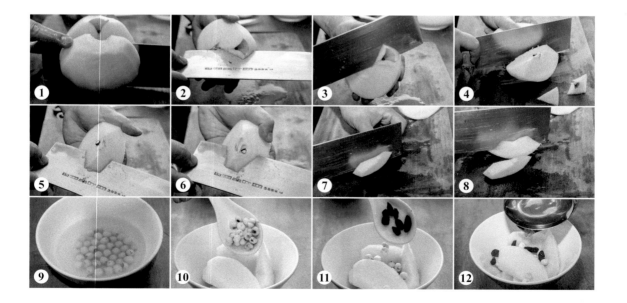

① ② ③ ④ ⑤ ⑥ ⑦ ⑧ ⑨ ⑩ ⑪ ⑫

香滑杏仁露

材料

▼ 食材

北杏仁	50g
南杏仁	100g
水	800c.c.
玉米粉水	適量

▼ 調味料

細砂糖	100g

作法

1 南杏仁、北杏仁洗淨，加入水一同浸泡 3.5 小時，倒入調理機研磨。（圖 1）

🕐 浸泡 3.5 小時的用意主要是讓杏仁軟化，質地變軟比較好研磨，並且因爲泡了長時間，水已經有杏仁味道了，如果換水會降低杏仁的味道，所以注意不可換水，直接倒入調理機打勻。

2 用濾網過濾，濾渣成杏仁漿；玉米粉 1：水 1 之比例調勻備用。（圖 2~4）

🕐 過濾出來的渣渣可以做杏仁酥、杏仁餅乾、內餡、飲品。

3 杏仁漿煮滾，加入細砂糖煮勻，加入適量玉米粉水芶芡調勻，最後用篩網過濾，讓質地更細緻。（圖 5~8）

🕐 杏仁茶芶芡不宜太濃厚，可搭配油條一起食用。油條可以用烤箱中溫，約上下火 150℃，慢烤 8~12 分鐘，烤至酥脆。

^{No.43}
核桃香醇奶露

材料

▼ 食材

核桃	100g
水	400g
雀巢全脂牛奶	100c.c.
玉米粉水	適量

▼ 調味料

細砂糖	75g

作法

1　核桃洗淨，準備一鍋熱水燙過，放涼，用廚房紙巾把水吸乾。

2　鍋子加入適量沙拉油，以油溫 150~160℃ 炸至金黃熟成備用。（圖 1~2）
　　① 堅果類油溫都不能太高，因為它本身就有油脂，油溫太高容易黑掉。
　　② 看核桃有沒有熟，就是看它是否有浮起，浮起後拿一顆剝開，如果顏色是黃白色的就是未
　　　熟，如果變為淡黃褐色就是熟了，此時就可以開火把核桃炸上色，迅速撈起。

3　炸好的核桃用沸水燙過，去除油脂，加入水研磨成核桃漿，用篩網過濾；玉米粉 1：
　　水 1 調勻備用。（圖 3）
　　過濾出來的渣渣可以做核桃酥、核桃餅乾、核桃內餡、核桃飲品。

4　鍋子加入作法 3 核桃漿煮滾，加入雀巢全脂牛奶、細砂糖煮勻，以適量玉米粉
　　水芶芡調勻。（圖 4~8）
　　核桃外膜苦澀，核桃仁帶生味處理時一定不能偷懶，要洗淨→沸水→油炸→沸水→研磨→過
　　濾，少一個步驟味道都會前功盡棄。

No.44

黑金芝麻糊

材料

▼ 食材

生黑芝麻	150g
生白芝麻	25g
水	1000c.c.
玉米粉水	適量

▼ 調味料

細砂糖	150g

作法

1 乾鍋加入生黑、白芝麻，以中小火慢炒至白芝麻變金褐色，關火，繼續炒香，待鍋中溫度下降倒出，放涼備用。（圖1~4）

　① 用黑白芝麻的原因是，如果只用黑色的炒，會看不出來程度，有加白色的才知道鍋內狀態。
　② 如果看到鍋邊在冒煙就要離火翻炒，聞到有燒焦味道就來不及了。
　③ 炒芝麻不可用大火，容易焦，焦化會使芝麻香氣消失，炒芝麻需要耐心，欲速則不達。

2 將炒好的芝麻反覆清洗2~3次，水會越來越澄淨。（圖5~7）

3 與水一同倒入調理機研磨成芝麻漿，用濾網過濾。玉米粉1:水1調勻備用。（圖8~12）

　① 要打到手摸沒有顆粒狀，材料狀態才夠細緻，味道才會夠濃。
　② 過濾出來的渣渣可以做芝麻酥、芝麻餅乾、芝麻內餡、芝麻飲品。

4 加入細砂糖，用中火慢慢煮滾作法3芝麻漿，下適量玉米粉水芶芡，湯勺以畫圓方式慢慢攪拌煮滾完成。

　① 可以使用大火，大火容易燒焦，小火則是會煮不滾。
　② 芝麻漿口感必須濃厚，芶芡要均勻不可起筋，打完芡表面還是油亮的，才是標準。

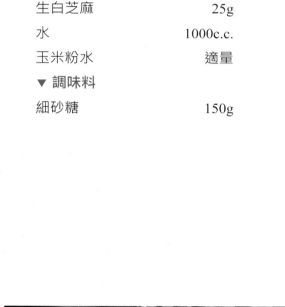

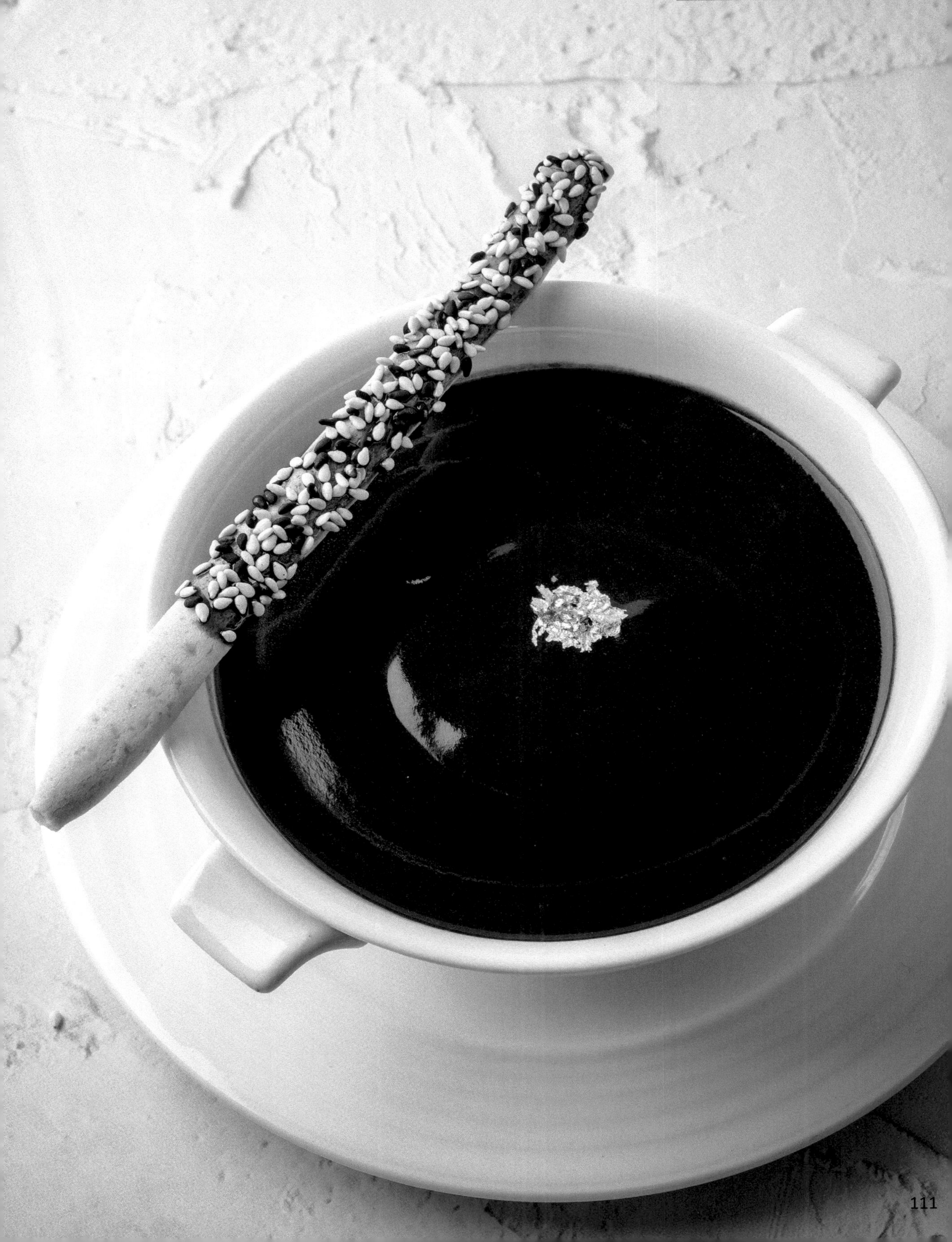

No.45
海帶綠豆沙

材料

▼ 食材

乾海帶（昆布）	10g
綠豆	180g
水	650c.c.

▼ 調味料

二砂糖	125g

作法

1 乾海帶洗淨泡軟（約浸泡 30 分鐘），切丁；綠豆清水掏洗乾淨。（圖 1）

2 綠豆、海帶分別用大火蒸 1 小時，取出瀝乾。（圖 2）

3 調理機加入一半綠豆、一半水，打成細沙狀態。（圖 3）

4 加入二砂糖、海帶、剩餘綠豆、剩餘的水攪拌均勻，完成。（圖 4）

> 綠豆沙如不夠濃稠，可再撈起些許綠豆打成細沙調勻。紅豆沙也可以用這個小撇步，如果豆子蒸不夠時間，打成豆沙的效果會不理想。

^{No.46} 陳皮紅豆沙

材料

▼ 食材

紅豆	125g
水	500c.c.
陳皮	1/4 片

▼ 調味料

二砂糖	75g

作法

1 紅豆、陳皮洗淨，加水（此處使用配方內的水）
用大火蒸 1.5~2 小時，瀝乾水分。（圖 1）
　🌀 瀝出的水不要丟，等等會用到。

2 調理機加入一半紅豆、陳皮、一半作法 1 瀝出
的水，一起打成細沙狀。（圖 2~3）

3 加入二砂糖、剩餘紅豆、剩餘的水拌勻，完成。
　🌀 ① 這個作法不用勾芡也能吃到濃郁的紅豆沙，只要紅
　　　豆與水的比例正確，就可以輕鬆製作綿密的豆沙。
　　② 陳皮可以降血脂，降血壓，預防癌症及心肌梗塞。

薑汁雙皮奶

1 老薑洗淨削皮，切小片與水一同加入調理機，打成薑汁。（圖 1~2）
　🖐 皮要去乾淨，不然打出來視覺上會有髒髒的黑點（或雜質黑點）。

2 鋼盆倒入薑汁、蛋白，用打蛋器把雞蛋的組織打斷。（圖 3~4）
　🖐 蛋白不要打太久，只是把蛋白的組織打散就可以了。

3 加入細砂糖、雀巢全脂牛奶拌勻，用篩網反覆過濾兩次，倒入量杯中。（圖 5~10）
　🖐 第一次把蛋的臍帶過濾掉，第二次是為了把雜質細漿過濾掉，如果沒把「細漿內的老薑纖維」過濾掉，蒸出來會黃黃的（過濾兩次比較乾淨）。

4 燉奶漿倒入燉盅，撈掉浮沫，送入預熱好的蒸籠，中火慢燉 25~40 分鐘，表面凝結成軟 Q 狀即可，取出風乾。（圖 11~12）

5 表面風乾後倒入二層燉奶漿，再入蒸籠蒸 10~15 分鐘，表面凝結成形即可，拿出封上保鮮膜，完成。
　🖐 製作第二層時燉奶漿不能太厚，以免蒸過久使燉奶過熟，導致周圍開花賣相不佳。

材料

材料	
蛋白	100g
細砂糖	50g
水	65g
雀巢全脂牛奶	270g
去皮老薑	10g

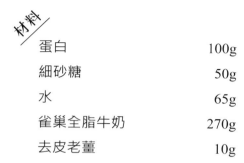

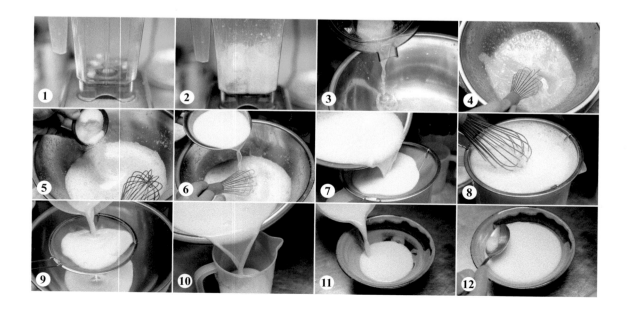

No.48

荔茸焗西米布甸

材料

▼ 荔茸餡

新鮮芋頭丁	70g
細砂糖	30g

▼ 西米布甸

水	60g
玉米粉	20g
吉士粉	20g
三花奶水	60g
椰漿	60g
熟西米	180g
細砂糖	25g
無鹽奶油	20g
蛋黃	35g

作法

1 新鮮芋頭丁蒸熟，趁熱與細砂糖一起混合，用手掌壓成泥。（圖 1~4）
🌀 熱的時候芋頭本身的澱粉質會讓它自己成團。

2 水、玉米粉、吉士粉調勻。（圖 5~6）
🌀 這個作法稱作開粉，開粉就是水跟粉混勻。

3 鍋子加入三花奶水、椰漿、熟西米煮滾。（圖 7~9）
🌀 ① 此處可以加入 110c.c. 水一同煮，因為這些材料都很容易燒焦，加一點水提高成功率。
　② 也可把三花奶水、椰漿先蒸熱到高溫取出，再迅速煮滾不易燒焦。

4 加入作法 2 材料勾芡，關火，加入細砂糖拌勻，加入無鹽奶油拌勻，加入蛋黃拌勻。（圖 10~15）
🌀 ① 注意加入蛋黃時鍋內溫度不可以太高，否則蛋黃會熟。
　② 早期都是用蓮蓉。

5 煮好的布丁漿倒入模型底，中間放一塊芋頭餡再蓋上剩餘布丁漿，整形後放入烤箱，以上火 200/ 下火 160°C，烤約 12~15 分鐘，烤至金黃色完成。（圖 16）
🌀 ① 中間的內餡可以隨意搭配，像紅豆沙餡、白蓮蓉餡、奶黃餡都很適合。
　② 荔茸指的是廣西荔浦產的芋頭，香味撲鼻味道濃郁，當地又稱「香芋」，在荔浦選購當地名產，芋頭為首選。當地的芋頭料理很多都冠上荔茸二字，例如荔茸香酥鴨、荔茸帶子等等馳名料理。

Part4

港風甜點飲品涼糕

皮蛋豆腐

1 吉利丁片一片一片泡入冰水中，泡約 20 分鐘，泡軟擠乾備用。

2 鍋子加入水煮滾，加入細砂糖、吉利丁片煮溶，分成 3 份備用。

3 芝麻奶凍：第一份加入黑芝麻粉、雀巢全脂牛奶（A）拌勻，倒入乾淨雞蛋豆腐盒中，冷藏 3 小時以上，冷藏至材料凝固。（圖 1~3）

4 奶凍：第二份加入雀巢全脂牛奶（B）調製完成，過篩，倒入乾淨雞蛋豆腐盒中，冷藏 3 小時以上，冷藏至材料凝固。（圖 4）
🐾 調色材料的雀巢全脂牛奶可替換鮮奶使用。

5 黑芝麻果凍：第三份先過篩，加入黑芝麻醬調製完成，倒入乾淨雞蛋殼內，冷藏 3 小時以上，冷藏至材料凝固。（圖 5~7）
🐾 倒入蛋殼要倒滿，不然剝開的時候會有一部份是平的。

6 平底鍋燒乾轉小火，將椰子粉炒至金黃色再加入花生粉、白芝麻炒香，倒出放冷備用。

7 取出製作完成的奶凍做底，疊上芝麻奶凍；作法 5 黑芝麻果凍剝殼，取少許作法 6 粉類鋪底幫助擺盤，放上季節水果、什錦堅果裝飾，點綴玫瑰醬。（圖 8）
🐾 衝突風的午茶甜點，把看似家常小菜的皮蛋豆腐華麗轉身，變成五星級貴婦下午茶甜點，由鹹變甜，千萬別錯過糖伯虎港食帶來的頑皮甜點。

材料

▼ 凍凝食材

水	500c.c.
細砂糖	80g
吉利丁片	15g

▼ 調色材料

黑芝麻粉	35g
雀巢全脂牛奶（A）	40c.c.
雀巢全脂牛奶（B）	40c.c.
黑芝麻醬	30g

▼ 其他

椰子粉	1 大匙
花生粉	1 大匙
生白芝麻	1 大匙
季節水果	適量
什錦堅果	適量
雞蛋殼（洗淨晾乾）	2 個
玫瑰醬	1 匙

▶ 用黑芝麻果凍呈現假以亂真的皮蛋
▶ 使用港式奶酪作法呈現嫩豆腐（鮮奶凍）跟芝麻豆腐（芝麻奶凍）
▶ 玫瑰醬取代醬油膏
▶ 椰子粉、白芝麻、花生粉製作假肉鬆

杏仁水果豆腐

材料

▼ 凍凝食材

吉利丁片	20g
杏仁露	600c.c.
細砂糖	70g

▼ 其他

季節水果	適量
杏仁露（放涼）	適量
椰漿	適量
二砂糖漿	適量

作法

1　參考「No.42 香滑杏仁露」P.106 製作杏仁露。

2　吉利丁片一片一片泡入冰水中，泡約 20 分鐘，泡軟擠乾備用。

3　杏仁露大火蒸熱，蒸約 10 分鐘。
　　👋 蒸熱再煮，比較不易燒焦。

4　取出煮滾，加入吉利丁片、細砂糖再次煮滾，用篩網過濾。

5　將杏仁露冷卻至微濃稠狀，倒入容器冷藏 3 小時，完成。（圖 1）

6　取出凝固的成品修邊切塊，搭配季節水果，冷杏仁露、椰漿、二砂糖漿食用。（圖 2~4）
　　👋 參考「No.58 英式絲襪奶茶」P.140 製作二砂糖漿。

No.51
金牌珍珠奶酪

材料

雀巢全脂牛奶（或保久乳）	275c.c.
細砂糖	45g
植物性鮮奶油	20c.c.
水	150c.c.
吉利丁片	5g
市售煮好珍珠	1大匙
金牌南瓜籽油	1匙

作法

1　吉利丁片一片一片泡入冰水中，泡約20分鐘，泡軟擠乾備用。（圖1）

2　雀巢全脂牛奶（或保久乳）大火蒸熱，蒸約10分鐘。
　　🔹蒸熱再煮，比較不易燒焦。

3　鍋子加入水煮滾，關火，加入吉利丁片略拌，加入細砂糖拌勻，拌至材料充分溶化。（圖2~5）

4　加入作法2鮮奶（或保久乳）拌勻，用篩網過濾。（圖6~7）

5　將奶酪漿冷卻至微濃稠狀，加入植物性鮮奶油攪拌均勻，倒入容器冷藏3小時，完成。（圖8）
　　🔹奶酪漿冷卻後有濃度，再加入植物性鮮奶油更容易均勻混和。

6　搭配金牌南瓜籽油增加風味、市售煮好珍珠增加口感。

① ② ③ ④
⑤ ⑥ ⑦ ⑧

127

No.52 藍莓香檳杯

材料

▼ 食材

椰漿	200c.c.
雀巢全脂牛奶	75c.c.
水	200c.c.
吉利丁片	20g
細砂糖	120g
植物性鮮奶油	50c.c.

▼ 染色

糖漬藍莓	100g
蒸熟紅豆	100g

▼ 裝飾

新鮮藍莓	適量
防潮糖粉	適量

作法

1 吉利丁片一片一片泡入冰水中，泡約 20 分鐘，泡軟擠乾備用。

2 椰漿、雀巢全脂牛奶、水一同混勻，大火蒸熱，蒸約 10 分鐘。
　蒸熱再煮，比較不易燒焦。

3 取出煮滾，加入吉利丁片、細砂糖再次煮滾，用篩網過濾。

4 將椰汁糕漿冷卻至微濃稠狀，加入植物性鮮奶油攪拌均勻，分成三等份。

5 一等份倒入容器，冷藏 1 小時，冷藏至凝結。（圖 1）

6 一等份加入壓碎蒸熟紅豆拌勻，倒入作法 5 上層，冷藏 1 小時，冷藏至凝結。（圖 2~5）
　① 作法 6 與 7 拌入食材都是為了調色，顏色如果過淺可以補染色材料；過深可以調適量椰汁糕漿。
　② 吉利丁的用量決定軟硬度，如果糖漬藍莓跟蒸熟紅豆的添加量有增加，吉利丁的用量就要增加，不然會無法成型。

7 一等份加入壓碎糖漬藍莓拌勻，倒入作法 6 上層，冷藏 1 小時，冷藏至凝結。（圖 6~8）

8 放上新鮮藍莓，篩防潮糖粉。（圖 9）

1 2 3 4

5 6 7 8

9 10 11 12

No.53
手生磨豆腐花

材料

▼ 食材

黃豆	50g
飲用水	450c.c.
鹽滷	1 小匙

▼ 糖漿

二砂糖	120g
飲用水	180c.c.

作法

1 黃豆掏洗乾淨泡水，夏天泡 6 小時，冬天泡 8~16 小時，泡好洗淨。
🖐 夏天泡黃豆時可以放冷藏室，避免因天氣過熱導致黃豆變質。

2 調理機加入黃豆、飲用水一同研磨，用市售豆漿布過濾兩次，過濾後可以檢查
豆渣是否細緻，要夠細緻才能凝結。（圖 1~6）
🖐 過濾豆漿的布一定要用市面上賣的豆漿布，過濾時不要擠壓，兩手分別上下拉扯，拉扯時豆漿
就會自動流下，擠壓的話細的豆渣會被擠出來，豆腐花就不會光滑。

3 倒入容器，送入預熱好的蒸籠，大火蒸 20~25 分鐘，聞起來不要有黃豆的青澀
味。（圖 7）
🖐 豆漿最怕油，蒸豆漿時不可碰到油，不然就變鹹豆漿了，會纖維質分離。

4 蒸好後再過濾一次，因為豆漿比較濃，蒸完還是會有豆渣殘留，再過濾讓它更
細緻，吃起來不會粉粉的。（圖 8~9）

5 鹽滷放入容器中（或者用食用石膏粉與極少量食用水，在要裝入的容器中調勻，
食用水的分量只要能把石膏粉調開即可；豆漿倒入鍋中再次煮滾，沖入容器中
（盡量從高處沖入容器，要有一點力道材料才會均勻），加蓋，靜置 5~8 分鐘，
刮撈去表面泡沫，完成。（圖 10~12）
🖐 加蓋能讓材料燜住，保持高溫使豆花順利凝結。

6 鍋子加入糖漿材料的飲用水煮滾，加入二砂糖煮至溶化，撈去表面雜質。食用
時一飯碗量豆腐花對一湯匙糖水，完成。

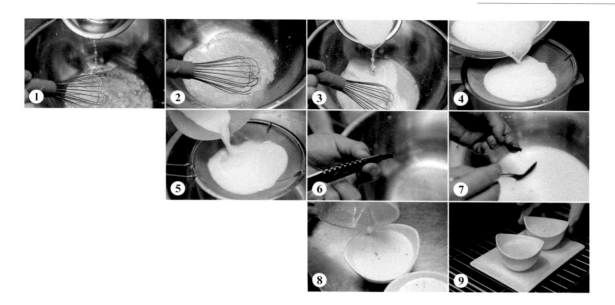

No.54
香草燉奶

材料

▼ 燉奶漿

蛋白	100g
飲用水	65g
細砂糖	50g
雀巢全脂牛奶 （或保久乳）	270g
新鮮香草莢	1支

作法

1 鋼盆加入蛋白、飲用水，用打蛋器稍微打一下，把組織打斷。（圖1~2）
🌀 把蛋白的組織打斷即可。

2 加入細砂糖、雀巢全脂牛奶（或保久乳）拌勻，用篩網反覆過濾兩次。（圖3~5）
🌀 第一次把蛋的臍帶過濾掉，第二次是讓鮮奶跟蛋白更均勻融合。

3 新鮮香草莢剪開，刮入材料中拌勻。（圖6~7）
🌀 如果想要香草的味道更濃厚，作法2鮮奶先不要拌，製作前先把新鮮香草莢剪半泡入鮮奶，等到作法2過濾完，再把香草莢拿起，把香草籽刮入鮮奶，加入過濾的材料拌勻。

4 燉奶漿倒入燉盅，送入預熱好的蒸籠，中火慢燉20~25分鐘，表面凝結成軟Q狀即可，取出封上保鮮膜以免表面風乾。（圖8~9）
🌀 燉奶放涼冷藏，冰涼的燉奶會富有滑嫩布丁口感。

南北杏燉木瓜雪耳

材料

▼ 食材

泡發白雲耳	40g
南杏仁	5g
北杏仁	5g
微熟木瓜	1/4 顆
乾菊花茶	1~2 顆

▼ 蔗糖水

蔗糖	50g
冰糖	50g
飲用水	600g

作法

1 南杏仁、北杏仁洗淨，加入水一同浸泡 3.5 小時，把水瀝掉。

2 木瓜對剖去籽，把白色部分刮掉，切去頭尾（頭尾白色部分會苦，要確實去除），切條。（圖 1~3）

3 乾白雲耳用常溫水泡開（成泡發白雲耳），再秤出配方量，剪去蒂頭。（圖 4~6）

🖐 注意不能直接用乾白雲耳秤 40g 製作，量會過多。

4 鍋子加入蔗糖水所有材料，中大火煮滾。

5 湯盅放入木瓜、白雲耳、南杏仁、北杏仁、乾菊花茶，加入煮滾的蔗糖水，燉煮 1 小時完成。（圖 7~12）

🖐 ① 冰涼後就是夏日消暑天然甜品首選。

　② 南杏仁味甘性平，力較緩，適用於長者、體虛及虛勞咳喘；北杏仁味苦力較急，適用於壯年，不過北杏毒性較強。通常會以南杏 2：北杏 1 之比例搭配使用，較為適當。

　③ 挑選介於青橘之間的木瓜，將熟未熟、快要熟成的木瓜；太熟的無法燉，一燉會爛掉；太生的燉出來沒有滋補功效，也沒有味道。

　④ 乾菊花茶的用意是中和木瓜的氣味，否則太熟的木瓜燉出來氣味太重。

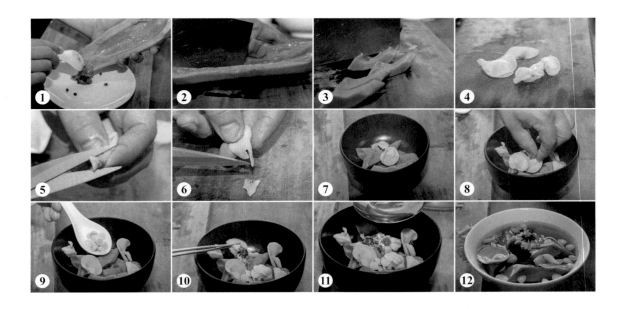

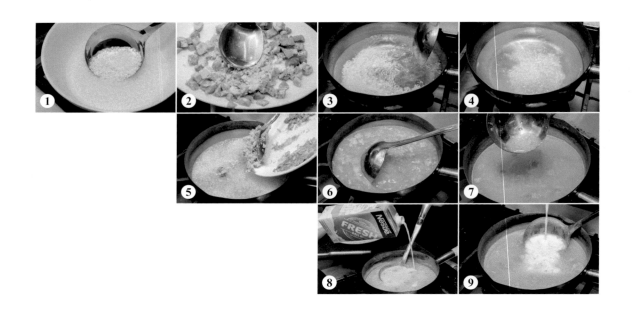

No.56 凍大甲芋泥西米露

材料

大甲芋頭粒	80g
泡水西谷米	110g
飲用水	700c.c.
細砂糖	80g
雀巢全脂牛奶	250c.c.

作法

1 配方中的「泡水西谷米」，西谷米稍微掏洗泡水，至少浸泡 2 小時。（圖 1）

2 大甲芋頭粒大火蒸 40 分鐘，趁熱搗成泥狀備用。（圖 2）
　　🄴 冷藏過後芋頭質地會變硬，所以芋頭蒸的時間一定要足夠，質地才會鬆軟。

3 鍋子加入飲用水煮滾，加入西谷米大火續煮。（圖 3）

4 待西谷米成透明狀，加入大甲芋頭泥、細砂糖煮滾，加入雀巢全脂牛奶煮勻完成。（圖 4~9）

萊檬橙冰茶（凍檸茶）

材料

▼ 紅茶底

錫蘭紅茶包	15g
飲用水	1500c.c.

▼ 二砂糖漿

二砂糖	250g
飲用水	175c.c.

▼ 凍檸茶

紅茶底	300c.c.
二砂糖漿	50c.c.
冰塊	6~10 顆
萊姆片	1 片
檸檬片	1 片
香橙片	1 片

作法

1 【紅茶底】湯鍋加入飲用水煮滾，放入錫蘭紅茶包，轉小火煮 15~18 分鐘。（圖 1~2）

2 關火，蓋上蓋子浸泡 4 分鐘，取出茶包放涼備用。（圖 3）

3 【二砂糖漿】鍋子加入飲用水、二砂糖，中小火煮滾，用篩網過濾雜質，放涼備用。

4 【凍檸茶】貼著杯壁放入萊姆片、檸檬片、香橙片，放入冰塊，再倒入二砂糖漿與紅茶底，完成。（圖 4~6）

🕐 ① 飲用時要記得先拌勻，不然會一開始沒味道，喝到最後卻很甜。
② 港式凍檸茶的檸檬是黃檸檬或萊姆，風味清香，酸度溫和。
③ 台式檸檬紅茶是綠檸檬，檸檬酸香，甜味較明顯。

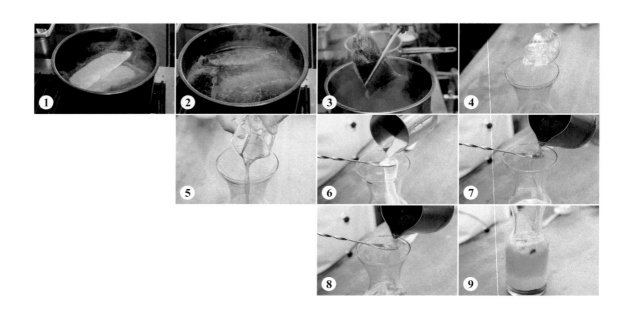

No.58 英式絲襪奶茶

材料

▼ 紅茶底

錫蘭紅茶包	30g
飲用水	1500c.c.

▼ 二砂糖漿

二砂糖	500g
飲用水	350c.c.

▼ 英式絲襪奶茶

紅茶底	250c.c.
三花奶水	50c.c.
二砂糖漿	30c.c.
冰塊	6~10 顆

作法

1 【紅茶底】湯鍋加入飲用水煮滾，放入錫蘭紅茶包，轉小火煮 15~18 分鐘。(圖 1~2)

2 關火，蓋上蓋子浸泡 4 分鐘，取出茶包放涼備用。(圖 3)

3 【二砂糖漿】鍋子加入飲用水、二砂糖，中小火煮滾，用篩網過濾雜質，放涼備用。

4 【英式絲襪奶茶】杯子先放入冰塊、二砂糖漿。(圖 4~5)

5 用湯匙作引，延著杯壁依序倒入三花奶水、紅茶底，入杯速度慢、輕，即可做出層次。(圖 6~9)

 ① 港式奶茶特色是「奶味重、茶味重、糖重」。
② 英式奶茶特色是「奶味中等、茶香中等、糖中等」。
③ 英式絲襪則中和港式與英式的口味。

台客原美食

奪命書生蒜辣醬

材料

▼ 食材

朝天椒	600g
蒜頭（細碎）	300g
櫻花蝦	100g
沙拉油（A） （或任何植物油）	600c.c.
沙拉油（B） （或任何植物油）	600c.c.

▼ 調味料

鹽	20g
糖	20g
美極上湯雞粉	30g

作法

1 【備料】蒜頭切去頭尾剝皮，用調理機打至細碎，秤出配方量。
🔪 從調理機取出時要注意安全，不要被割到。

2 櫻花蝦送入預熱好的烤箱，以上下火 150°C，烘烤5~8分鐘，烘乾，取出備用。
🔪 注意烘乾就好，不要烤上色。

3 朝天椒去蒂頭，洗淨瀝乾，與沙拉油（A）一起用調理機打細碎。（圖1~3）
🔪 朝天椒可前一天洗淨去蒂頭，風乾一晚。

4 【熟製】鍋子加入沙拉油（B）加熱至中油溫約120~140°C，加入蒜碎（開始煉蒜碎）待略上色，加入作法3朝天椒碎沙拉油。（圖4~8）

5 用中油溫繼續煉蒜椒醬，待蒜碎呈金黃褐色後，關火，加入櫻花蝦、調味料混合均勻完成。（圖9~12）

9527愛老虎油

材料

▼ 食材

蒜頭（細碎）	180g
紅蔥頭（細碎）	200g
乾日本瑤柱	40g
米酒	1 碗
開陽	40g
松子	40g
朝天椒	80g
沙拉油	1200c.c.
（或任何植物油）	

▼ 調味料

鹽	30g
糖	30g
美極上湯雞粉	40g
辣椒粉	30g

作法

1 【備料】蒜頭、紅蔥頭切去頭尾剝皮，分別用調理機打至細碎，秤出配方量。
🌀 從調理機取出時要注意安全，不要被割到。

2 朝天椒（又稱雞心椒）去蒂頭，洗淨瀝乾，用調理機打細碎；開陽泡水洗淨，用調理機打細碎。
🌀 從調理機取出時要注意安全，不要被割到。

3 用約 1 碗的米酒與瑤柱一起蒸 1 小時，軟化後把米酒瀝乾，放涼，搓成絲。（圖 1~2）
🌀 ① 注意米酒用量需蓋過瑤柱，不可過少。
② 蒸好的瑤柱米酒汁可以放涼後冷凍保存，是鮮美的天然高湯。

4 【熟製】鍋子加入沙拉油，加熱至中油溫約 120~140℃，加入蒜碎（開始煉蒜碎）待略上色，加入紅蔥頭續煉。（圖 3~6）

5 用中油溫繼續煉老虎油，待紅蔥頭略上色後，下瑤柱絲續煉。（圖 7~9）

6 當瑤柱絲略上色後，加入開陽細碎、松子、朝天椒。（圖 10~12）

7 續煉至泡沫變少，材料都呈金黃褐色後，加入所有調味料混合均勻，完成。

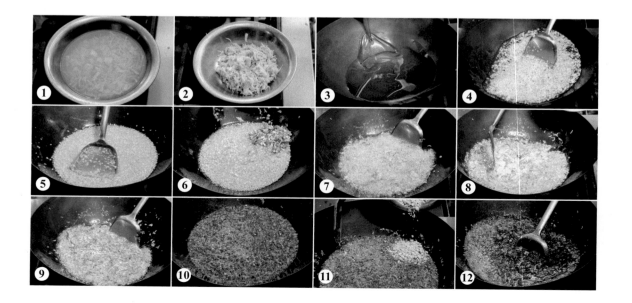

No.61 香茅蒜香焗雞

材料

▼ 醃料

香茅	60g
蒜頭	30g
鹽	1 匙
糖	2 匙
米酒	20c.c.
美極上湯雞粉	1 匙

▼ 食材

仿土雞腿	1 隻

▼ 沾醬

雞汁	100c.c.
蒜泥	1 大匙
檸檬汁	1/2 顆擠汁
白胡椒粉	1 匙

作法

1 【備料】香茅洗淨，先拍扁再切小段，切的時候頭切細一點。（圖 1~3）

2 雞腿取下軟骨與細刺（肉雞不用取，因為肉雞的軟骨比較軟，仿土比較硬所以要取），細刺都要取下，處理成適當大小。（圖 4~14）

3 鋼盆加入醃料所有材料，先用手抓勻，抓到汁有一點變顏色，代表香茅、蒜頭的味道都抓出來了。（圖 15~18）

4 倒入適量的水，加入仿土雞腿，水量加到剛好淹過雞腿即可，妥善封起浸泡 8 小時。（圖 19~23）

5 【熟製】烤盤鋪上醃料內的香料，再放上仿土雞腿（雞皮朝上），刷上少許醬油（配方外），送入烤箱以上火 220/ 下火 180℃ 烤 12 分鐘。（圖 24~26）
　🗨 傳統作法抹老抽醬油，抹醬油是為了烤的時候上色比較好看。

6 戴上手套取出，將雞汁、蒜泥、白胡椒粉、檸檬汁拌勻，稍後當做沾醬食用。（圖 27~31）
　🗨 ① 雞汁就是作法 5 烤好後，盤子內的雞油精華，拌飯拌麵都好好食。
　　② 「好好食」是廣東話，意思是「好好吃」。

7 用 240~250℃ 高油溫反覆澆淋雞皮，澆淋至雞皮呈紅褐色。（圖 32~36）
　🗨 可以用芥菜籽油，或任何不易變質的油。

炙燒紅麴叉燒

材料

▼ 食材

梅花肉	800g
青蔥	2 支
二砂糖（炙燒用）	1 碗

▼ 叉燒醃料

紹興酒	1 大匙
美極鮮味露	1 小匙
蠔油	1 匙
生抽醬油	1 匙
二砂糖	2 大匙
太白粉	1 小匙
紅麴醬	1 大匙
紅麴粉	1 匙

▼ 沾醬

客家金桔醬	1 大匙

作法

1 【備料】青蔥洗淨切段，排入烤盤備用；梅花肉洗淨，用廚房紙巾壓乾水分。

2 【醃料】容器放入梅花肉、醃料所有材料，一同拌勻封起，送入冷藏靜置入味一天（24 小時）。（圖 1~3）
🐷 紅麴粉其實沒有味道，主要是用來調色。

3 【熟製】鍋子加入適量沙拉油熱鍋，放入叉燒，中大火將兩面煎至上色。（圖 4~7）

4 夾出，底部墊青蔥，送入預熱好的烤箱，以上下火 250℃ 烘烤 18~24 分鐘，烤至內裏熟成。（圖 8~9）
🐷 ① 叉燒肉因為醃製關係，從外觀看不出是否熟成，建議在肉最厚的地方剪一刀，看內裏狀態確認是否熟成。
② 也可以直接用烤箱烤熟，一樣上下火 250℃ 烘烤 20~25 分鐘，差別只在於表面上色狀態。

5 取出叉燒確認是否熟成，表面撒少許二砂糖，冷卻後，用噴槍炙燒，共炙燒 2 次，切片完成。（圖 10~12）
🐷 加糖炙燒的手法可增加叉燒香氣，炙燒後糖融化，冷卻後表皮會有一層脆皮糖衣，口感更豐富。

原民風味小炒皇

材料

▼ 食材

梅花瘦肉	600g
蒜苗	40g
芹菜	30g
小辣椒	20g
蒜碎	20g
蔥段	20g
韭菜花	30g
山蘇	50g
叉燒肉片	100g

▼ 梅花瘦肉醃料

黑胡椒粉	1 大匙
白胡椒粉	1 大匙
花椒粉	1 小匙
五香粉	1 小匙
美極上湯雞粉	1 小匙
鹽	1 小匙
糖	1 匙
米酒	3 大匙

▼ 調味料

點心醬油	1 大匙
米酒	1 大匙

作法

1 【備料】梅花瘦肉表面切花刀，與醃料拌勻，妥善封起冷藏 3 小時備用。（圖 1~3）

2 蒜苗洗淨切片；芹菜洗淨揀去菜葉切段；韭菜花洗淨切段；山蘇洗淨切段。

3 【熟製】鍋子加入適量沙拉油，將醃好的梅花瘦肉下鍋煎熟，取出切片。（圖 4~5）

4 鍋內續入梅花瘦肉片、蔥段、蒜苗片、小辣椒、蒜碎，大火快炒，炒至材料均勻。

5 延著鍋邊嗆入米酒爆香快炒，加入芹菜、韭菜花、山蘇、點心醬油一同大火翻炒。
   🍳 詳「No.13 香蔥鮮肉煎麻糬」P.36 製作點心醬油。

6 加入叉燒肉片、適量太白粉水（配方外）一同炒勻收汁，完成。
   🍳 ① 叉燒肉本身就是熟的，所以最後再加入。
   　② 太白粉 1：水 2 預先調勻，不可直接下太白粉勾芡，會結塊。

No.64
港風翻騰魚

材料

▼ 食材

黃雞魚	400g
黃豆芽	300g
香菜	30g
香芹	60g

▼ 魚醃料

太白粉	10g
鹽	5g
糖	5g
白胡椒粉	2g
香油	1 小匙

▼ 鍋底料

泰國椒	120g
朝天椒	30g
花椒	10g
燈籠椒	30g
乾辣椒	20g
蒜碎	20g
沙拉油	600c.c.

▼ 調味料

鹽	1 匙
糖	5g
白胡椒粉	1 小匙
美極鮮辣汁	2 大匙

（續下頁）

▼ 處理魚類

1 準備三去（去鱗、去鰓、去內臟）完畢的魚。

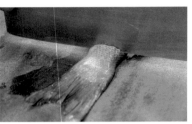

2 魚頭處切一刀。

3 魚尾處切一刀。

4 從魚背劃刀。

5 沿著骨頭切。

6 劃刀。

7 反覆劃刀。

8 慢慢分離魚片。

9 取下魚片。

10 魚片切段。

11 撒上魚醃料所有材料，去腥。

12 備用。

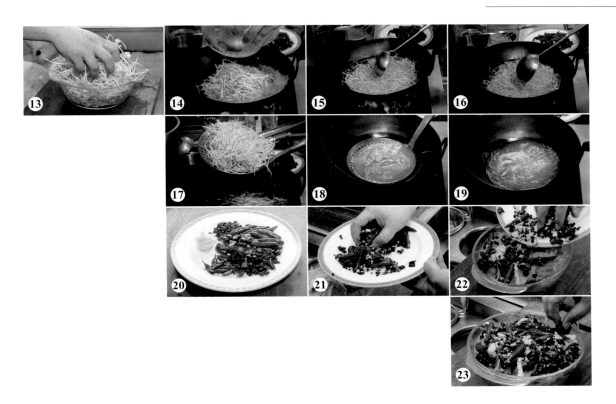

作法

13 【備料】黃豆芽掏洗乾淨；香菜、香芹洗淨，撿去菜葉切小段。

14 黃雞魚參考作法 1~12 洗淨取肉切片，與醃料一同拌勻備用。
　　😊 不一定要使用黃雞魚，任何新鮮魚種皆可。

15 【熟製】準備一鍋滾水，放入黃豆芽燙軟，撈起瀝乾，放入容器。（圖 13~17）
　　😊 ① 注意此處不可燙至過軟，需恰到好處讓黃豆芽熟、又保留脆的口感。
　　　　② 也可以在燙完時用冰塊水冰鎮瀝乾，保留脆度。

16 原鍋水續燙魚片，燙七分熟，魚皮朝上鋪上黃豆芽，鋪平。（圖 18~19）

17 備妥鍋底料材料（除了沙拉油），放在盤子上抓勻，均勻撒在魚皮上。（圖 20~23）

18 表面鋪上香菜、香芹、調味料；鍋子加入鍋底料的 600c.c. 沙拉油，把油燒熱，加熱至約 180°C，澆淋在食材上，將魚燜熟完成。
　　😊 此處澆淋不會將 600c.c. 沙拉油全部淋完，淋的時候食材因瞬間接觸高溫會產生「滋滋」的聲音，只要淋到沒有聲音即可停止。

No.65
堡康利醬炆燒魚

材料

▼ 食材

比目魚片	400g
牛番茄	80g
圓茄	80g
洋菇	100g
蒜碎	20g

▼ 調味料

堡康利番茄原醬	200g
生抽醬油	1 小匙
二砂糖	1 大匙
白胡椒粉	1 小匙
鹽	1 小匙
美極上湯雞粉	1 小匙
香油	1 小匙
米酒	1 大匙

作法

1 【備料】牛番茄洗淨，去蒂頭切小丁；圓茄洗淨，去蒂頭切四瓣；洋菇洗淨切片；比目魚片洗淨備用。（圖1~3）

2 【熟製】鍋子加入適量沙拉油熱鍋，加入蒜碎、牛番茄下鍋爆香。（圖4~5）

3 接著下圓茄、洋菇，延著鍋邊嗆入米酒，大火炒透。（圖6~7）

4 加入堡康利番茄原醬、水（配方外），接著下其他調味料煮滾，放入比目魚，中火炆燒入味，完成。（圖8~9）

🍳 加入堡康利番茄原醬再加水，水量略蓋過食材便可，不可完全淹過，完全蓋過水就太多了，水量多，煮的時間就要拉長，魚會過熟，湯汁也不夠濃郁。

No.66

海流白雲耳

材料

▼ 食材

新鮮香菇	40g
蒜碎	20g
黃櫛瓜	40g
玉米筍	40g
荷蘭豆	40g
紅辣椒	4 小支
鮮魷魚（或現流透抽）	1 隻
泡發白雲耳	40g

▼ 調味料

鹽	1/2 小匙
糖	1 小匙
香油	1 小匙
白胡椒粉	1 小匙
美極鮮湯	1 匙
米酒	1 大匙

作法

1 【備料】新鮮香菇去蒂切片；玉米筍洗淨切斜大片；紅辣椒洗淨；黃櫛瓜洗淨去頭尾切片；荷蘭豆摘頭去尾。

2 乾白雲耳用常溫水泡開（成泡發白雲耳），再秤出配方量，剪去蒂頭。
🥄 注意不能直接用乾白雲耳秤 40g 製作，量會過多。

3 鮮魷魚洗淨剝皮，切十字花刀，切片。（圖 1~5）
🥄 ①「現流」當日魚貨，不過已經不是活體的狀態。「凍貨」就是冷凍魚貨，又分「熟凍」與「生凍」，熟凍是煮熟冷凍，生凍則是生的冷凍。
② 其他海鮮也適用這些說法。

4 【熟製】準備一鍋滾水，將黃櫛瓜、玉米筍、荷蘭豆、白雲耳、鮮魷片一起汆燙，撈起瀝乾。（圖 6）

5 鍋子加入適量沙拉油熱鍋，加入蒜碎、新鮮香菇、紅辣椒下鍋爆香。（圖 7）

6 加入作法 4 食材大火快炒，加入調味料炒勻，加入適量太白粉水（配方外）芶芡收汁，完成。（圖 8~12）
🥄 太白粉 1：水 2 預先調勻，不可直接下太白粉勾芡，會結塊。

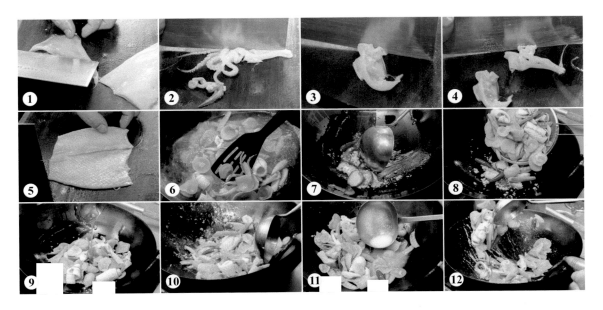

No.67 辣拌金錢肚

材料

▼ 食材

金錢牛肚	120g
紅辣椒	20g
青蔥	20g
中薑絲	15g
香菜	20g

▼ 調味料

No.60 9527 愛老虎油	1 大匙
美極鮮辣汁	1 匙
點心醬油	2 匙
香油	1 匙

▼ 去腥材料

老薑片	12 片
青蔥（使用整支）	1 支
八角	6~8 顆
大紅袍花椒	20g
乾月桂葉	5 片

作法

1 【備料】青蔥洗淨，摺起切絲；香菜洗淨切段；紅辣椒去頭尾，從中剖開去籽切絲；金錢牛肚掏洗乾淨；中薑絲泡水（薑絲泡水辛辣度會降低，色澤也會比較白，適合涼拌）。（圖 1~5）

2 【熟製】準備一鍋滾水，加入金錢牛肚、去腥材料，中火燉煮 3.5 ~ 4 小時，再泡 1~1.5 小時，燉煮加泡至 Q 軟，取出切絲。（圖 6~9）
🖐 牛肚燉煮的時間一定要足夠，可調整燉煮時間決定牛肚的軟硬度。

3 取一容器將牛肚絲、調味料一同拌勻，完成。（圖 10~12）
🖐 ① 牛肚絲也可以換成豬肚絲、雞絲、蔬菜、菇類。
② 詳「No.13 香蔥鮮肉煎麻糬」P.36 製作點心醬油。

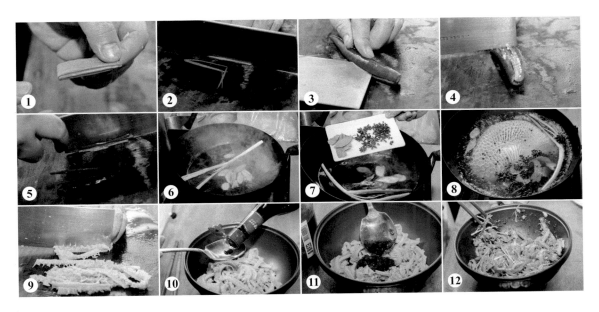

材料

▼ 食材

筍粒	60g
奇異果粒	50g
香芹粒	30g
木耳粒	30g
紅蘿蔔粒	20g
櫻桃鴨胸	1 付
蒜頭（碎）	10g
紅蔥頭（碎）	20g
馬薯粒	60g
西生菜	數片

▼ 調味料

生抽醬油	1 匙
糖	1 匙
白胡椒粉	1 匙
美極鮮味露	1 匙
香油	1 匙

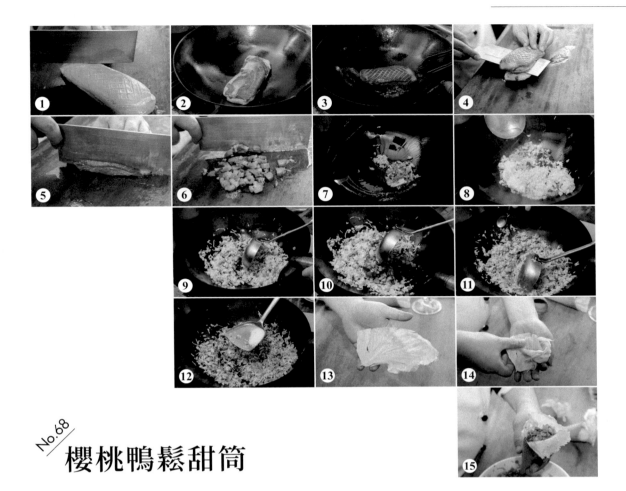

No.68 櫻桃鴨鬆甜筒

作法

1　【備料】所有食材洗淨切小粒；西生菜洗淨；櫻桃鴨胸表皮劃十字刀。（圖1）

2　【熟製】鍋子加入適量沙拉油熱鍋，櫻桃鴨胸表皮朝下先煎上色，翻面繼續煎至七分熟，取出放冷，切小粒備用。（圖2~6）

3　【熟製】鍋子洗淨擦乾，加入適量沙拉油熱鍋，加入蒜頭、紅蔥頭爆香。（圖7）

4　加入所有食材（除了奇異果粒、櫻桃鴨胸、西生菜）大火炒香。（圖8~9）

5　加入櫻桃鴨胸炒勻，加入調味料炒勻，加入適量太白粉水（配方外）芶芡收汁，加入奇異果粒略翻勻，完成。（圖10~12）
　　🐸 太白粉1：水2預先調勻，不可直接下太白粉勾芡，會結塊。

6　西生菜像包粽子一樣扭轉成角錐形，填入作法5鴨鬆，裝入甜筒內，完成。（圖13~15）
　　🐸 這一道的重點是所有食材都不可以出水，如果有會出水的食材，鴨胸也好蝦鬆也好，炒完之後都會回潮。

材料

▼ 食材		▼ 調味料		▼ 雞胸肉醃料	
筍絲	100g	鹽	1 匙	生抽醬油	1 小匙
雞胸肉	1 付	白胡椒粉	1 匙	糖	1 小匙
新鮮香菇絲	70g	生抽醬油	1 匙	香油	1 小匙
新鮮木耳絲	70g	米酒	1 匙	米酒	1 小匙
金針菇	50g	美極鮮湯	1 匙	太白粉	1 小匙
蛋白液	40g	香油	1 匙		
蛋豆腐	1/3 盒	蔥油	1 匙		
香菜碎	適量	紅醋	1 匙		
蔥花	適量	水	1200c.c.		

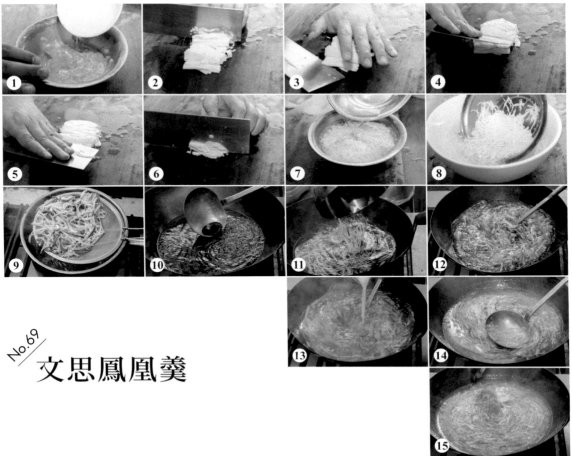

No.69
文思鳳凰羹

作法

1 【備料】雞胸肉洗淨切絲，加入醃料拌勻，靜置30分鐘備用；金針菇洗淨去根，剝開。（圖1）

2 蛋豆腐先切薄片，再慢慢切絲，切的時候可以適量抹水，避免豆腐太軟斷開，不好操作。（圖2~6）
　🍳 如何完整的取出蛋豆腐？先把包裝膜撕掉，倒扣，切一刀破壞包裝內的真空狀態，就可輕鬆取下盒子。

3 刀用側面，小心的鏟起豆腐絲，放入清水中，反覆換2~3次水，將水大致倒掉。（圖7~8）
　🍳 換水時一開始比較混濁，慢慢會變清，換到變成清水即可。

4 【熟製】準備一鍋滾水，依序汆燙筍絲、新鮮香菇絲、新鮮木耳絲、金針菇、雞胸肉絲，撈起瀝乾，去除血水雜質與把材料燙熟。（圖9）

5 鍋子加入水、其他調味料(除了香油)、作法4食材煮滾，加入適量太白粉水(配方外)勾芡煮勻。（圖10~13）
　🍳 太白粉1：水2預先調勻，不可直接下太白粉勾芡，會結塊。

6 淋入蛋白液再次煮滾，加入蛋豆腐絲、香油，用勺背慢慢把豆腐潤開，盛碗，撒上香菜碎、蔥花，完成。（圖14~15）

黑蒜牛奶貝炖雞湯

材料

▼ 食材

仿土雞	2000g（1隻）
白蘿蔔	500g（1條）
黑蒜頭	80g
金針菇	50g
牛奶貝	600g
老薑片	4片

▼ 調味料

鹽	1匙
紹興酒	2大匙
美極鮮雞汁	1匙

作法

1　牛奶貝洗淨，泡水吐沙3小時以上；白蘿蔔去皮切塊；金針菇洗淨切去根部。

2　仿土雞洗淨切塊；準備一鍋滾水，先汆燙白蘿蔔，把澀味燙掉撈起瀝乾，原鍋再燙仿土雞塊，將雞骨旁的血污雜質清洗乾淨。（圖1~4）

　　🐢① 做雞湯建議買公雞，因為母雞比較肥（脂肪較多），燉出來的湯會太油。
　　　② 圖3與圖4是雞腎，把雞腎剝除，雞肉清理乾淨，燉出來的湯才會清澈雜質少。

3　鍋子放入所有食材（除了牛奶貝、金針菇）、紹興酒、2000c.c熱水，煮滾，放入容器內加蓋，送入蒸籠大火蒸20分鐘，燜20分鐘。

　　🐢 時間決定雞肉軟硬度，想吃軟一點的可多蒸15~20分鐘。

4　將雞湯瀝出倒入鍋子，加入其他調味料、牛奶貝、金針菇，待牛奶貝全部打開關火完成，湯的部分就完成了，把所有湯料與湯盛入碗中食用即可。

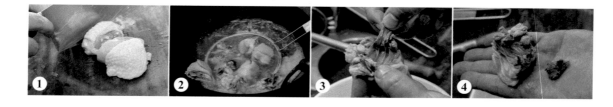

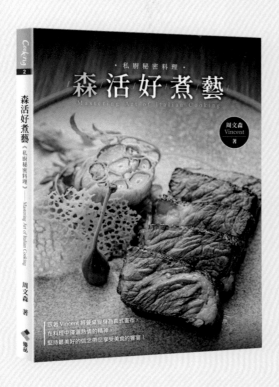

Cooking 2

《森活好煮藝》

跟著 Vincent 將餐桌變身為義式畫布，在料理中揮灑熱情的精神，堅持最美好的信念帶您享受美食的饗宴！

書中涵蓋前菜、沙拉、湯品、肉品、海鮮、義大利麵 & 燉飯、小點，讓您從前菜一路吃到點心，義式的好味道在家也能完美複刻！

作者：周文森
定價：450

訂購資訊

Cooking 4

《兒童營養餐親手做》

附影音教學，跟著影片親手學做兒童營養餐！讓媽媽們跟著視頻輕鬆學。

每一道菜一步一圖，並給出了烹飪小妙招和關鍵營養素。

內容豐富有開胃菜、營養早餐、快手午餐、美味晚餐、健康加餐、日常調理餐，

餐餐精彩、餐餐有趣，讓媽媽與孩子在飲食中擁有更多的趣味！

117 道美味易學兒童營養餐，端出媽媽所有的愛！

作者：梅依舊
定價：420

訂購資訊

Cooking 3

粵式點心研究室

國家圖書館出版品預行編目 (CIP) 資料

粵式點心研究室 / 蘇俊豪著 . -- 一版 . -- 新北市：
優品文化事業有限公司 , 2021.05 176 面；19x26
公分 . -- (Cooking；3)
ISBN 978-986-99637-7-0(平裝)

1. 點心食譜

427.16   110000468

作　　　者，蘇俊豪 Scott

總　編　輯，薛永年

美術總監，馬慧琪

文字編輯，蔡欣容

攝　　　影，王隼人

特別感謝，台灣雀巢專業餐飲、御新國際有限公司、津鼎有限公司、東光制服
　　　　　光啟高中餐飲科、楊琪鈞師傅、李建軒師傅、呂俊賢師傅、台灣糖伯虎港食居
　　　　　丹雅廚藝教室張如君、饅頭師（蕭志勝）、翎雅、宏澤、約克，真摯感謝，
　　　　　感謝你們對本書的付出

出 版 者，優品文化事業有限公司
　　　　　電話：(02)8521-2523
　　　　　傳真：(02)8521-6206
　　　　　Email：8521service@gmail.com（ 如有任何疑問請聯絡此信箱洽詢)
　　　　　網站：www.8521book.com.tw

印　　　刷，鴻嘉彩藝印刷股份有限公司

業務副總，林啟瑞 0988-558-575

總 經 銷，大和書報圖書股份有限公司
　　　　　新北市新莊區五工五路 2 號
　　　　　電話：(02)8990-2588
　　　　　傳真：(02)2299-7900

網路書店，www.books.com.tw 博客來網路書店

出版日期，2021 年 5 月

版　　　次，一版一刷

定　　　價，420 元

上優好書網　　LINE 官方帳號　　Facebook 粉絲專頁　　YouTube 頻道